CHEMINS DE FER

D'INTÉRÊT LOCAL

PARIS. — TYPOGRAPHIE LAHURE
Rue de Fleurus, 9

CHEMINS DE FER

D'INTÉRÊT LOCAL

VADE MECUM

Aux trois points de vue

FINANCIER, ÉCONOMIQUE ET TECHNIQUE

PAR

EDMOND ROY

Ingénieur civil

PARIS

DUNOD, ÉDITEUR

LIBRAIRE DU CORPS DES PONTS ET CHAUSSÉES

DES MINES ET DES TÉLÉGRAPHES

Quai des Augustins, n° 49

—

1877

AVANT-PROPOS.

On a beaucoup écrit sur les chemins de fer, leur construction, leur exploitation.

Des ingénieurs éminents ont publié, sur la matière, de remarquables ouvrages, mais tous s'adressaient aux hommes spéciaux.

Le public n'a guère été initié, jusqu'ici, d'une manière simple, aux questions économiques relatives à l'établissement des voies ferrées. Aussi bien, en général, peu de personnes se font une idée des charges que l'État s'est imposées et a imposées aux grandes compagnies pour établir les lignes secondaires, et donner des garanties d'intérêt aux capitaux engagés dans ces entreprises. Les résultats négatifs, au point de vue financier, de beaucoup de sections du nouveau réseau, ont ainsi passé inaperçus du public.

Quoi qu'il en soit, l'essor considérable imprimé à l'agriculture, au commerce et à l'industrie, dans les pays traversés par les lignes existantes, implique la nécessité de créer des chemins de fer de troisième ordre, et provoque des demandes de toute part. Mais encore faut-il se poser la question de savoir si, en suivant les errements anciens, les sacrifices à faire pour la construction de ces nouvelles voies ferrées ne seront pas disproportionnément plus considérables que les avantages que l'intérêt général en retirera, et n'entraveront pas, à un moment donné, la construction de ces nouveaux chemins, jusqu'au point de faire préférer le *statu quo*.

Or, on sait que les lois de 1865 et de 1871 ont donné aux conseils généraux la faculté de concéder des chemins de fer d'intérêt local.

Sous le bénéfice de ces lois et sous l'impression qu'un chemin de fer, en France, est toujours une bonne affaire, tant pour les capitaux engagés que pour les contrées qu'il dessert, un assez grand nombre de concessions ont été données à des petites compagnies, sans garantie d'intérêt.

Malheureusement, la mise en exploitation de ces nouveaux chemins a donné des résultats déplorables au point de vue financier; l'État ne venant point annuellement au secours de ces petites compagnies, comme il le fait pour les grandes, pour les aider à payer l'intérêt des capitaux engagés, la vérité s'est brutalement révélée par des déficits considérables. De là le juste discrédit qui a frappé ces nouvelles lignes, et l'impossibilité pour les conseils généraux d'utiliser la faculté de concessions qui leur a été attribuée, sans demander à l'État des subventions supplémentaires exagérées, en sus de celles auxquelles la loi leur donne droit.

En d'autres termes, les chemins de fer d'intérêt local, tels qu'ils ont été établis jusqu'à ce jour, ne peuvent trouver dans les services qu'ils sont spécialement destinés à rendre des éléments de vitalité suffisants pour que ces entreprises soient fructueuses. Il faut arriver à les leur faire trouver, en cherchant les causes de leur insuccès et les moyens de l'éviter.

Tel est le but que je me propose d'atteindre dans cette publication, en m'appuyant d'exemples tirés de la pratique dans des circonstances analogues, en pays étrangers, depuis des années. Je m'efforcerai donc, en passant sommairement sur la partie technique, de me mettre à la portée de tout le monde, pour discuter les bases et les conditions économiques qui devraient présider à la détermination de la concession et à la construction d'un chemin de fer d'intérêt local.

L'établissement des lignes principales de chemins de fer rayonnant de Paris sur les grands ports de commerce de la France, vers les centres industriels importants et les points principaux de ses frontières, donna une telle impulsion au mouvement commercial, au développement de l'industrie dans les contrées directement desservies par ces lignes, qu'immédiatement tous les chefs-lieux de départements, non desservis, réclamèrent d'être reliés à ces grandes lignes. La question stratégique, après les services rendus par les lignes principales pendant les guerres de Crimée et d'Italie, pour la rapidité du transport des approvisionnements et du matériel des armées, vint joindre sa voix à celle du commerce, et les lignes secondaires furent créées au grand avantage des contrées que traversaient ces nouvelles voies ferrées. Le cadre s'était donc considérablement élargi, mais non sans de grands sacrifices.

Quand il s'agit d'assurer le fonctionnement d'un service d'intérêt général de premier ordre, il n'est guère d'usage, cela se comprend, de calculer si le produit futur sera plus ou moins en rapport avec les dépenses : c'est ce qui eut lieu pour les lignes principales, et pour beaucoup trop de lignes secondaires.

Bientôt surgirent les intérêts locaux. Les chefs-lieux d'arrondissements, voire même de cantons éloignés des lignes établies, sans se préoccuper d'une façon approfondie des résultats à obtenir, demandent à leur tour des faveurs au budget; ils veulent aussi leur chemin de fer.

Ne viennent-ils pas, en effet, apporter leur obole au Trésor; pourquoi n'auraient-ils pas leur part d'avantages?

Seulement la vérité est que les vœux exprimés par les conseils généraux, au nom de ces arrondissements, étaient d'un intérêt purement local, et malheureusement souvent électoral, limité au département lui-même.

Or, l'État et les grandes compagnies étaient déjà, dès l'année 1860 et les suivantes jusqu'en 1865, respectivement très-engagés. On pouvait croire, au moins, que l'ensemble du réseau de 20 536 kilomètres, concédé définitivement à la fin de 1865, représentant une dépense totale d'environ 10 milliards, sur laquelle il restait encore 3 milliards à dépenser, desservirait suffisamment bien tous les grands intérêts généraux et stratégiques, à de très-faibles exceptions près.

C'est dans ces circonstances, et obsédé par les demandes de concession qui lui arrivaient de toutes parts, que l'État présenta le projet de loi de 1865 sur les chemins de fer d'intérêt local. Malheureusement, cette loi ne déterminait en aucune façon la situation réelle, elle ne préjugeait en rien ce que seraient ces nouveaux chemins; et tout en disant en substance aux conseils généraux : Aidez-vous, l'État vous aidera, ce dernier y mettait de telles conditions que, tout en rejetant sur les conseils la responsabilité morale de concessions prématurées et des conséquences qui devaient en résulter, il ne leur laissait pas la faculté d'aviser à des moyens économiques et les maintenait ainsi sous sa dépendance, en les empêchant de pouvoir construire des chemins à bon marché, qui les eussent dispensés de réclamer son concours sous forme de subventions.

A l'abri de cette loi, dont ils forçaient l'esprit, tant elle était conçue en termes vagues et indéfinis, des spéculateurs hardis, suivant, devançant même des désirs exprimés par les populations intéressées, sollicitèrent et obtinrent, sous la dénomination de lignes d'intérêt local, des concessions de chemins de fer visant à établir des séries de tronçons qui, réunis, devaient former des lignes n'ayant d'autre but que de faire concurrence aux grandes compagnies et de les faire racheter par elles.

Cette illusion a eu pour conséquence de véritables catastrophes financières pour les actionnaires, toutes les fois que les spéculateurs n'ont pas réussi à faire racheter leur concession par les grandes compagnies; et ces dernières n'ont consenti à ces rachats que sous la réserve de la garantie d'intérêt par l'État.

A la fin de 1875, 4381 kilomètres de ces chemins avaient été concédés, et ils ont donné lieu, dans certains départements, à des directions de tracés tellement rapprochés les uns des autres que, pour beaucoup d'entre eux, les recettes ne couvriront pas les frais d'exploitation.

Les résultats financiers de la plupart de ceux mis en exploitation ne sont, du reste, que peu ou point livrés à la publicité; mais les pertes éprouvées par leurs actionnaires ont suffi pour jeter sur ces chemins le discrédit qu'ils méritaient.

§ 2. SITUATION FINANCIÈRE ET RÉSULTATS D'EXPLOITATION DES GRANDES COMPAGNIES.

Tous les capitaux nécessaires aux grandes compagnies pour construire les lignes secondaires concédées à partir de 1859 ne furent réalisées par elles que sous la forme d'obligations émises au taux moyen de 280 francs, rapportant 15 francs d'intérêt par an avec amortissement en cinquante ans et remboursables à 500 francs, le service des intérêts et de l'amortissement jusqu'à concurrence de 4,65 pour 100 étant garanti par l'État pendant cinquante ans.

D'après les documents officiels publiés en 1872 par le ministère des travaux publics *sur la construction et l'exploitation des chemins de fer*, la situation financière des compagnies de chemins de fer à la fin de 1869 se chiffrait dans son ensemble de la manière suivante :

3 217 417 actions ayant fourni en capital.	1 540 000 000	»
17 928 192 obligations ayant fourni en capital.	5 527 000 000	»
Montant des subventions payées par l'État et divers. . . .	1 141 000 000	»
Total du capital dépensé. . . .	8 208 000 000	»

Les dépenses restant à faire, pour l'ensemble des 21 988 kilomètres de chemins concédés, sur lesquels 16 972 avaient été livrés à l'exploitation, s'élevaient à 2 139 000 000, soit une dépense totale de 10 milliards et demi pour 22 000 kilomètres, représentant en moyenne 477 000 francs par kilomètre.

Le montant du capital dont l'intérêt à 4,65 pour 100 était garanti par l'État pendant cinquante ans s'élevait à la somme de 3 988 000 000.

Or, comme pas une seule ligne du nouveau réseau n'a produit un revenu net suffisant pour payer les intérêts et l'amortissement du capital dépensé à la construction, il en est résulté qu'au fur et à mesure du développement du réseau et de la mise en exploitation des nouvelles lignes; les charges de l'État, résultant de sa garantie d'intérêt, ont été en augmentant comme suit :

ANNÉES	NOMBRE de kilomètres en exploitation	GARANTIES avancées par l'État	OBSERVATIONS
	kilomètres	francs	
1867	15 000	22 173 000	
1868	15 855	31 521 000	
1869	16 465	25 058 000	
1870	15 567	62 226 000	Année de la guerre, exception.
1871	15 666	30 034 000	
1872	17 474	37 179 000	
1873	18 171	44 672 000	
1874	18 876	47 943 000	
Total des garanties avancées par l'État au 31 décembre 1874....		300 806 000	

On le voit, les charges sont très-lourdes pour le budget et menacent de s'accroître dans des proportions considérables, car dans les 11 000 kilomètres de chemins du nouveau réseau, concédés à la fin de 1874, 8350 kilomètres étaient en exploitation et 2650 en construction; pour l'ancien réseau, 2000 kilomètres étaient en construction ou à construire, et il résulte du petit tableau qui précède que, pour un accroissement de 3876 kilomètres dans l'ensemble du réseau exploité, cette garantie s'est accrue de 25 000 000. S'accroîtra-t-elle toujours dans la même proportion? Il est à souhaiter que non, mais il y a là un fait auquel l'actionnaire et l'obligataire sont restés insensibles, parce que l'État est venu à leur secours. L'expérience a prouvé à ce dernier que cette garantie, qu'il avait pu croire ne pas devoir l'entraîner à des sacrifices annuels aussi considérables, devenait de plus en plus onéreuse pour le Trésor public.

D'après ces conventions avec les grandes compagnies, il devait partager avec elles les bénéfices excédant 8 pour 100 à partir de 1872, il fut bien obligé de reconnaître l'inanité de ces espérances, et il est revenu au système de la subvention fixe une fois payée, système qu'*il n'aurait jamais dû abandonner*.

Les actions des grandes compagnies rapportant jusqu'à ce jour 10 à 20 pour 100, les obligataires touchant régulièrement leurs revenus avec des remboursements successifs par tirage au sort, donnant un capital de une fois et deux tiers de celui d'achat, ce qui faisait ainsi, des obligations, une valeur offrant la sécurité de la rente sur l'État, le public dut croire que toutes les opérations de chemins de fer ne pouvaient être qu'une source de richesse.

Pour l'État, qui voyait de près les résultats financiers de l'exploitation des nouvelles lignes construites, il n'en était pas de même. Bien qu'il eût obligé déjà, dès 1859, les compagnies concessionnaires des grandes lignes principales à déverser sur le nouveau réseau une partie des produits nets de ces lignes-mères, dont les recettes allaient toujours croissant au fur et à mesure de la mise en exploitation des lignes secondaires, ces compagnies n'avaient cédé que sous la menace permanente de la création de compagnies rivales, mais sachant bien que les résultats financiers de ces nouvelles lignes ne seraient point en harmonie avec les dépenses, et que l'accroissement du produit net de leurs concessions de lignes-mères ne compenserait pas la faiblesse des recettes des lignes secondaires au fur et à mesure que ces lignes iraient en augmentant ; elles s'efforcèrent de sauver leur situation, en réservant un revenu minimum pour leurs grandes lignes principales, et une garantie d'intérêt pour les emprunts qu'elles auraient à faire pour construire les nouvelles. Se trouvant ainsi désintéressées, pour le présent, des conséquences d'un mode de construction trop dispendieux, elles devinrent en quelque sorte les banquiers et les entrepreneurs généraux de l'État pour les chemins de fer à construire, avec les avantages que pourraient leur procurer les opérations financières d'un emprunt de 4 milliards. On leur imposait de faire largement ; le Trésor public était mis à leur disposition, mais l'intérêt privé, l'initiative industrielle, pour chercher à faire bien et économiquement, furent étouffés par une volonté impérieuse à laquelle les sacrifices du Trésor public ne coûtaient rien.

Les grandes compagnies, en acceptant la situation qu'on leur faisait, ne furent que sagement prévoyantes; car, bien que les recettes kilométriques des grandes lignes principales se soient accrues, en moyenne, de près de 50 pour 100 de 1859 à 1874, la recette brute moyenne kilométrique des chemins de fer français n'a pas cessé d'aller en diminuant depuis que le développement du réseau a dépassé celui des grandes lignes principales, ainsi que l'indique le tableau ci-dessous extrait des documents officiels.

ANNÉES	NOMBRE de kilomètres en exploitation	RECETTES moyennes kilométriques
	kilomètres	francs
1854	5 037	53 086
1859	8 840	44 841
1864	12 362	43 996
1869	16 444	42 935
1874	18 876	38 853

Pour justifier l'exposé général que je viens de faire, je prie le lecteur de vouloir bien jeter un coup d'œil sur le tableau A, extrait des documents officiels dont j'ai déjà parlé; il y trouvera, exprimés en chiffres, les arguments que je viens de développer; les belles recettes des lignes principales, la faiblesse des produits nets du réseau secondaire, qui diminuent au fur et à mesure qu'il s'étend, et deviennent inférieurs à 1 p. 100 du capital dépensé. Ces mêmes produits sont tout à fait négatifs, sur toutes les parties du territoire, lorsque ces lignes ne sont plus que des chemins d'ordre tertiaire, c'est-à-dire d'intérêt local (voir surtout à ce sujet le tableau B). Pourtant, on peut constater que les dépenses de construction de ces derniers sont considérablement réduites, par rapport à celles des premiers.

Ces documents sont, en effet, probants au point de vue économique; car on voit que toutes les lignes principales, dont le prix moyen kilométrique de construction varie de 440 à 800 000 francs, justifient, par leur rendement, les dépenses faites; que les lignes secondaires, pour lesquelles on a sensiblement diminué cette dépense, en les réduisant généralement à une seule voie, ont encore coûté de 270 à 530 000 francs en moyenne, par kilomètre, et que le produit net moyen de ces chemins ne donne que de 3 50 à 1 70 p. 100 de revenu du capital dépensé.

Enfin lorsqu'on arrive aux lignes d'ordre tertiaire ou d'intérêt local, sur lesquelles on s'est efforcé de diminuer les dépenses de construction, autant que le permettaient les conditions absolues de tracé et de largeur de voie imposées par l'État, on trouve que la dépense moyenne kilométrique de construction n'est plus que de 110 à

330 000 francs suivant les difficultés des lieux. Les résultats d'exploitation donnent un produit net qui est au maximum de 1 04 p. 100 du capital dépensé, et plus généralement négatif de 0 75 à 10 p. 100.

Ces résultats expliquent pourquoi, malgré l'augmentation énorme des recettes kilométriques des lignes principales, signalée au tableau C, la recette moyenne kilométrique des chemins de fer français a toujours été en diminuant au fur et à mesure du développement du réseau, et est tombée à 38 800 francs en 1874.

Les recettes brutes kilométriques des lignes principales qui sont, en moyenne, suivant l'importance du mouvement commercial qu'elles desservent : de 44 à 148 500 francs pour l'année 1869 et de 50 à 178 400 francs pour l'année 1874 (tableau C), sont comprises pour les lignes secondaires entre 12 600 et 36 900 (tableau A) ; pour les lignes tertiaires entre 3600 et 16 000 francs.

Il est bien évident, d'après ces résultats, que toutes les fois que l'intérêt général n'est pas en jeu d'une manière absolue, c'est un non-sens économique d'établir des voies ferrées de même dimension, avec des engins de transports aussi puissants pour faire des recettes de 10 à 12 000 fr. par kilomètre que pour en faire de 150 à 170 000 fr. Dans de telles conditions, cela ressemble à mettre cinq chevaux à une voiture là où un seul suffirait ;

le moins intelligent des charretiers dirait d'abord qu'un cheval coûte moins cher que cinq, et que cinq chevaux à sa charrette mangeront plus que le bénéfice que lui aurait produit l'usage d'un seul.

En effet, les documents officiels, d'où sont extraits tous les chiffres signalés ici, constatent un fait absolu ; c'est que sur aucun réseau, avec le matériel lourd et puissant des grandes lignes, employé sur les lignes d'intérêt local, les compagnies ne peuvent exploiter et entretenir ces dernières lignes, à moins de 7500 francs par an et par kilomètre, quelques faibles que soient les recettes, et que pour des recettes brutes comprises entre 8 et 10 000 francs, les dépenses d'exploitation sont, au minimum, égales aux recettes.

Donc tout chemin d'intérêt local qui devra être établi pour recevoir le matériel roulant des grandes lignes, qui n'aura en prévision qu'une recette brute kilométrique ne dépassant pas 10 à 12 000 francs, aura besoin d'une subvention au moins égale au montant total des dépenses de construction, soit au minimum de 100 à 150 000 francs par kilomètre.

Pour l'ensemble des lignes principales indiquées au tableau A, présentant un développement total de 4453 kilomètres, le montant total des subventions accordées par l'État s'est élevé à la somme de 467 520 000 francs, soit en moyenne 107 000 fr. par kilomètre.

Si, d'après les documents officiels se rapportant à l'année 1869, on cherche quel est le rapport entre la subvention donnée par l'État pour ces 4453 kilomètres de lignes principales, et la recette brute totale de ces lignes, qui représente l'importance des services rendus, et s'élevait à 401 300 000 francs, soit en moyenne 90 000 francs par kilomètre, on trouve que le montant de la subvention moyenne kilométrique accordée par l'État est 1,19 fois la recette brute kilométrique, soit 1,20 en chiffres ronds.

Au point de vue des intérêts généraux, et de la proportionnalité des charges communes en raison des services rendus, les chemins de fer d'intérêt local n'ont droit à réclamer de l'État qu'un concours proportionnel aux services qu'ils doivent rendre; les services rendus par ces chemins ne sauraient avoir une mesure d'intérêt général plus précise que celle donnée par l'importance de leurs recettes; il en résulte que tout chemin devant faire une recette brute kilométrique de 8 à 10 000 francs n'aurait le droit de réclamer de l'État qu'une subvention de 10 à 12 000 francs par kilomètre, le reste incomberait, équitablement, au département et aux localités desservies.

En présentant des comptes séparés d'exploitation de chaque grande compagnie, par sections diverses, on pourrait croire que la faiblesse des recettes des sections nouvellement ouvertes tient à ce que ces compagnies maintiennent, quand même, le trafic sur les lignes principales au préjudice des lignes secondaires.

Incontestablement, l'augmentation des recettes des grandes lignes provient de l'établissement du réseau secondaire ; mais en considérant l'ensemble du réseau exploité, peu importe que les marchandises circulent sur les lignes principales ou secondaires, c'est sur l'ensemble des résultats de l'exploitation que portera l'observation ; elle ne sera, sans distinction d'importance, ni à l'avantage ni au préjudice d'aucune ligne, et donnera la mesure réelle des résultats financiers obtenus. Considérant cet ensemble pour les années 1869 et 1874, qui représentent deux périodes normales et de tranquillité, on y trouve en même temps, dans le développement du réseau exploité, une différence de longueur suffisante pour pouvoir apprécier l'accroissement ou la diminution du revenu des chemins de fer, au fur et à mesure que le réseau se développe. C'est donc une base certaine pour supputer les résultats définitifs à obtenir par l'achèvement du réseau : le tableau D, extrait également des *documents sur la construction et l'exploitation des chemins de fer*, et publiés par le ministère des travaux publics, indique, pour les années 1869 et 1874, la longueur en kilomètres du réseau exploité par les six grandes compagnies, le montant des subventions allouées par l'État et les dépenses faites par les compagnies pour la construction de ce réseau ; puis les résultats de l'exploitation, déduction faite de l'intérêt à 5 1/2 p. 100 du capital argent dépensé par les compagnies.

De l'examen de ce tableau, il ressort que, dans l'année 1869, pour un réseau de 15 481 kilomètres exploités, les lignes productives ont donné un excédant de   154 384 000 francs.

Les lignes improductives un déficit de   129 395 000

Différence en excédant   24 989 000

Laquelle différence correspond à un intérêt de 0,4 p. 100 sur le capital engagé par les compagnies, et fait ressortir le revenu moyen de ce capital à 5,90 p. 100.

Dans l'année 1874, pour un réseau de 17 183 kilomètres exploités, on trouve que les lignes productives ont donné un excédant de   165 355 000 francs.

Les lignes improductives un déficit de   169 915 000

Différence en déficit   4 560 000

Laquelle différence correspond à un intérêt de 0,065 p. 100 sur le capital de 7 milliards engagé par les compagnies, et réduit le revenu moyen de ce capital à 5,436 p. 100 et à 4,79 p. 100 du capital total dépensé.

Ainsi, pour une augmentation de 1700 kilomètres dans la longueur du réseau, en fait il faut compter 2500 kilomètres, par suite de l'abandon forcé en 1871 de l'Alsace-Lorraine, qui a enlevé 840 kilomètres à la Compagnie de l'Est ; le déficit des lignes improductives s'est accru de 40 millions dans cinq années, tandis que l'augmentation des lignes productives n'a été que de 11 millions.

Une seule compagnie, celle du Midi, a échappé à cet accroissement de déficit, mais toutes les autres en ont été plus ou moins frappées : ce n'est donc pas un cas isolé, et qui ne saurait, par conséquent, être attribué à un défaut de bonne administration. Le résultat inévitable, pour la France, de la multiplication à outrance des chemins de fer, sera comme ailleurs une prompte diminution du revenu.

Or, comme l'ensemble du réseau concédé à la fin de 1875 aux grandes compa-

gnies est de	23 057 kilom.
à diverses compagnies	4 738
Total, kilomètres	27 821

on peut prévoir que la caisse d'épargne et de prévoyance dont parlait l'éminent administrateur de chemin de fer M. Bartholony, dans sa brochure de 1859, alors que l'ensemble des concessions des chemins de fer dispendieux de construction et d'exploitation ne dépassait pas 15 000 kilomètres, qui eût pu encore se réaliser en 1865 lorsque cet ensemble n'atteignait que 20 000 kilomètres, on peut prévoir, dis-je, que cette caisse d'épargne est en train de disparaître rapidement, à en juger par la manière dont on a procédé depuis 1865 pour les chemins de fer d'ordre tertiaire, et surtout en voyant la facilité avec laquelle les Chambres se laissent entraîner aujourd'hui, sans compter, pour payer l'imprévoyance du passé, et ouvrir la porte à de nouvelles spéculations malheureuses, dont les actionnaires et les obligataires viendront leur dire, comme aujourd'hui, non sans quelque raison : C'est sur le vu de votre déclaration d'utilité publique que nous avons versé avec confiance nos capitaux dans les mains des spéculateurs autorisés par vous à faire un appel à notre concours financier ; en vertu de cette déclaration d'utilité publique, nous ne pouvions pas croire que vous eussiez pu autoriser ces travaux, avec la pensée d'être utiles aux populations desservies et de ruiner ceux qui consacreraient leur fortune à leur éxécution.

Pour bien fixer le lecteur sur la pente fatale où l'on s'est engagé, je rappelle à son attention l'examen du tableau B, où sont indiqués, pour l'année 1874, les résultats négatifs d'exploitation de 41 chemins ayant tous le caractère de chemins d'intérêt local; tous ces chemins, répartis dans le nord aussi bien que dans le sud, l'est et l'ouest de la France, font des recettes brutes kilométriques inférieures de 3 à 4000 francs, en moyenne, aux dépenses kilométriques d'exploitation.

Voilà un enseignement qui mérite d'être médité aussi bien par le capitaliste que par le législateur. En effet, pour l'un il y a le risque de la perte totale de son capital, et l'autre, des charges onéreuses et perpétuelles à créer à l'État ou au département, car un chemin pourra bien être abandonné par ses actionnaires, mais l'État ou le département sera obligé d'en maintenir l'exploitation, et ces charges onéreuses seront un obstacle à l'entreprise d'autres travaux utiles.

On a pu, en beaucoup de circonstances, faire impunément et en double emploi des routes départementales ou des chemins vicinaux de grande communication, pour donner satisfaction à des influences, parce que la dépense de construction de ces routes est relativement faible, et ne dépasse pas 5 à 10 000 francs par kilomètre : la dépense d'entretien en est très-faible, quand elles sont peu fréquentées. Mais un chemin de fer, même d'intérêt local à grande voie, est un engin mécanique qui coûtera toujours vingt fois plus de construction et d'entretien qu'un chemin vicinal : il faut donc pour le justifier de bien sérieuses considérations.

§ 3. OBSERVATIONS SUR LES PROFITS PARTICULIERS QUE L'ÉTAT RETIRE DES CHEMINS DE FER.

Dans les documents officiels publiés par le ministère des travaux publics sur les chemins de fer, il existe un tableau intitulé : *Des profits particuliers que l'État retire de l'exécution des chemins de fer*. Malheureusement on omet de mettre dans ces documents le renseignement parallèle : *des sacrifices imposés à l'État pour l'exécution des chemins de fer;* de sorte qu'il n'est pas possible de faire la balance exacte de l'actif et du passif au point de vue du Trésor.

Dans ces profits on compte :

L'impôt sur les voyageurs et sur les marchandises à grande vitesse.

La contribution foncière et les patentes des chemins de fer.

Les licences, estampilles, plombs de douane.

L'abonnement pour le timbre des actions et obligations.

Les impôts sur les valeurs mobilières et droits de mutation des titres.

Les timbres des récépissés et des lettres de voiture.

Les droits de douane perçus sur les houilles et cokes consommés.

Les frais de contrôle et de surveillance.

Le tout évalué pour l'année 1869 à un total de 57 millions.

Puis ces dernières années on y a ajouté l'impôt sur la petite vitesse créé depuis la guerre de 1870-1871.

Les chemins de fer ont tué les grands services de diligences, de roulage à grande distance, et annihilé, en partie, celui de la navigation. Or, avant la création des chemins de fer, les impôts dont il s'agit étaient appliqués à ces moyens de transports dans une proportion moindre, il est vrai, mais ils rendaient cependant déjà une assez forte contribution au budget. Les droits de douane sur les houilles et les cokes étrangers consommés par les compagnies de chemins de fer sont bien plus contestables encore comme un avantage à présenter au profit du Trésor, attendu que les houilles et cokes français paient, indirectement sans doute, mais n'en paient pas moins une contribution bien plus élevée au Trésor, par les impôts qui frappent les travailleurs de toutes les catégories qui concourent à leur production et à leur mise en consommation.

Les frais de contrôle et de surveillance des chemins de fer, que l'État se fait rembourser par les compagnies, n'existeraient pas, s'il n'y avait pas de chemins de fer.

Viennent ensuite les économies réalisées pour les transports :

Par l'administration des postes;

Pour le transport des militaires et marins;

Pour les transports de la guerre;

Pour ceux de l'administration des finances;

Pour le transport des prisonniers;

Pour le transport des agents des contributions;

Pour l'administration des lignes télégraphiques; ces économies s'élèvent, pour l'année 1869, à 57 400 000 francs.

Ces avantages sont réels, car ils proviennent de rabais faits sur les prix de commerce, ils sont bien équitablement à compter à l'avoir des chemins de fer.

En ce qui concerne la première partie des profits, émanant des impôts, elle est plus que contestable, car avec cette théorie il n'y aurait pas de raison pour ne pas compter à l'avoir des chemins de fer tous les accroissements d'impôts qui ont eu lieu depuis 25 ans, accroissements qui sont principalement dus aux applications de la vapeur et des découvertes scientifiques, qui ont permis de développer la production dans des proportions inconnues jusqu'à notre époque, et de mettre en œuvre des matières qui étaient peu ou point utilisables auparavant. Le chemin de fer est le trait d'union entre le producteur et le consommateur; il facilite les échanges; mais il n'est pas le producteur, et sans les nombreuses et constantes découvertes de la science, ses services n'auraient point progressé comme ils l'ont fait. Il ne faut donc pas lui attribuer plus de mérite qu'il n'en a, pour pallier les énormes sacrifices faits en sa faveur.

Est-ce que l'État a subventionné quelqu'un pour le développement de l'industrie métallurgique? Pour le travail des matières textiles? Pour la nouvelle industrie des produits chimiques? Pour le développement de la culture de la vigne et de la betterave, ces deux grandes sources d'impôts que l'on augmente toujours?

Les profits que l'État réalise sur les chemins de fer sont, sans contestation possible, les économies qu'il fait, sur les transports gratuits ou à prix réduits, pour tous ses services; en compter d'autres semblerait avoir pour objectif de dissimuler la véritable mesure des sacrifices qu'il a dû s'imposer en leur faveur.

Ces sacrifices annuels, qui devraient aussi bien figurer aux documents officiels que les profits, sont :

1º L'intérêt du montant des subventions données aux compagnies de chemins de fer qui s'élevaient pour l'année 1869 à 50 000 000

Avances aux compagnies pour garantie d'intérêt pour 1869. . . . .   25 000 000

A reporter. . .   75 000 000

$$\textit{Report.} \ . \ . \quad 75\,000\,000$$

Intérêt des 54 millions avancés pour le même objet, antérieurement à 1869.   2 700 000

Montant total des charges de l'État pour l'année 1869. . . . .   77 700 000

Les profits à compter étaient de. . .   57 000 000

On voit que les sacrifices dépassent les profits de beaucoup.

En comptant de même pour 1874, on arrive, à cause de l'accroissement de l'annuité pour garantie d'intérêt, à une charge totale de fr. 110 000 000, qui à elle seule absorbe les profits réels et le nouvel impôt sur la petite vitesse; de sorte que cet impôt arrive, en quelque sorte, à point, pour justifier et compenser par des augmentations de tarifs les charges progressives créées par un développement excessif de chemins trop coûteux de construction et d'exploitation. On objectera que ces avances sont remboursables par les compagnies lorsque le fonctionnement des garanties cessera, mais de par les conventions, elles ne doivent prendre fin qu'en 1914; il peut se faire qu'elles cessent avant cette époque, si le rendement du nouveau réseau s'accroît notablement, mais à la tournure que prennent les résultats d'exploitation de toutes les nouvelles lignes, c'est peu probable, et le capital avancé en vertu de la garantie d'intérêt ne s'élèvera guère à moins de 1 milliard, car il est déjà de 300 millions : ce n'est donc pas avant cinquante ans d'ici que l'État pourra être remboursé de ses avances : jusque là, l'immobilisation de cet énorme capital entravera l'exécution d'une pareille somme de travaux d'utilité publique.

Ces résultats prouvent que, si l'État n'avait pas à prélever chaque année sur son budget une somme de 40 à 45 millions, pour payer la garantie d'intérêt à avancer aux compagnies de chemins de fer, l'impôt sur la petite vitesse, moindre que cette somme, pourrait être supprimé immédiatement.

Il aurait fallu pour cela qu'il n'exigeât pas, pour la construction des lignes secondaires, des conditions d'établissement aussi magistrales que pour les lignes principales ; ce qu'il eût obtenu avec une réduction rationnelle dans le minimum du rayon des courbes, lequel eût permis de construire ces chemins, même dans les pays les plus accidentés, au prix maximum de 250 à 300 000 francs le kilomètre ; il ne l'a pas voulu, quoiqu'il eût acquis la preuve que cela était possible : la France était alors assez riche pour se payer des fantaisies de luxe ; une guerre désastreuse et une dette supplémentaire de 8 milliards lui font aujourd'hui un devoir et une nécessité de se renfermer dans l'utile et l'indispensable.

Enfin, je ne saurais trop recommander à la méditation du lecteur la note ci-jointe publiée par le *Journal des Débats* le 27 décembre 1876 :

« Il vient de se produire aux États-Unis un fait « trop grave pour qu'on puisse le laisser passer « inaperçu.

« Les compagnies de New-York Central, de l'É-« rié, de l'Ontario, de la Pennsylvanie, et quarante-« deux autres, s'étaient fait jusqu'ici une guerre de « tarifs qui procurait aux transports des réduc-« tions de prix importantes. Le commerce et l'in-« dustrie s'étaient habitués à considérer cet état « de choses comme normal, et à compter sur la « continuation des avantages qu'il leur procurait. « Mais la continuation de la lutte imposait aux « compagnies des sacrifices qui ne devaient pas « être éternels. Ne pouvant se faire disparaître « les unes les autres, elles ont conclu un accord au « détriment du public. Elles ont adopté une base « permanente et uniforme de tarifs qui impose aux « transports à destination des villes situées sur la « côte et des ports de mer des augmentations de « 50 *pour cent* sur les prix antérieurs.

« Le fait économique dont le commerce et l'in-« dustrie viennent d'être victimes aux États-Unis « n'a rien assurément que d'ordinaire. Il avait été « signalé en Angleterre, dans la grande enquête « de 1865-1866, notamment par M. Wright, vice-« président de la chambre de commerce de Bir-

« mingham. Comme on lui demandait s'il ne se
« produisait pas entre les diverses compagnies
« qui aboutissent à Birmingham (celles du London
« and Nord-Western, du Great-Western et du Mid-
« land) une concurrence dont le résultat fût l'a-
« baissement des tarifs : « C'est précisément le
« contraire qui a lieu », déclara-t-il. En Belgique
« également, M. Jamar, ministre des travaux pu-
« blics, avait constaté, dans un discours prononcé
« au Parlement le 29 avril 1870, que les effets de
« la concurrence étaient essentiellement éphémè-
« res ; qu'elle aboutissait, en définitive, à des con-
« ventions entre les compagnies et à un renché-
« rissement des prix de transport. Si la concur-
« rence illimitée pouvait produire des résultats
« sérieux et définitifs, il semblait que ce fût aux
« États-Unis, sous le régime de la liberté absolue
« des chemins de fer. Il se trouve cependant que
« cette liberté même offre au public contre les exi-
« gences des compagnies une protection moindre
« que nos cahiers des charges, qui permettent à
« l'administration, sinon d'imposer les abaisse-
« ments de tarifs, au moins d'empêcher les relè-
« vements. »

Cette dernière assertion n'est pas tout à fait
exacte, attendu que l'article 47 des cahiers des
charges dit : « Dans le cas où la compagnie juge-
« rait convenable, soit pour le parcours total, soit
« pour les parcours partiels de la voie de fer, d'a-

« baisser, avec ou sans conditions, au-dessous
« des limites déterminées par le tarif les taxes
« qu'elle est autorisée à percevoir, les taxes abais-
« sées ne pourront être *relevées qu'après* un délai
« de trois mois au moins pour les voyageurs et de
« six mois pour les marchandises.

« Toute modification de tarif proposé par la
« compagnie sera annoncée un mois d'avance par
« des affiches. »

Cet article prouve que les compagnies, en France,
ne peuvent relever leurs tarifs au-dessus de ceux
fixés par le cahier des charges, mais en exami-
nant les tarifs des marchandises à petite vitesse
accordés par le cahier des charges, on voit que,
avec son application stricte, le tarif moyen par
tonne et par kilomètre pourrait être relevé à 0,10,
à 0,11, au lieu de 0,062 auquel il est descendu aujourd'hui. Le tarif actuel des grandes compagnies
pourrait donc être relevé en moyenne de 70 pour
100, et c'est ce qu'elles seraient obligées de faire,
si on les surchargeait de l'exploitation de lignes
improductives et se faisant concurrence, ainsi que
cela est arrivé dans les trois pays que je viens de
citer.

Voici, du reste, ce que dit M. l'ingénieur en
chef des ponts et chaussées Malézieux, dans son
remarquable travail sur la *situation des chemins
de fer anglais en* 1873, publié par ordre du minis-

tre des travaux publics, relativement aux résultats obtenus par la multiplicité inopportune des chemins de fer :

« La concurrence illimitée se résout en un mo-
« nopole absolu. Un exemple, pris entre mille,
« suffirait pour caractériser cette transformation.

« En 1862, par l'effet de la concurrence, le trans-
« port des houilles à destination de Londres coû-
« tait 6 fr. 25 par tonne pour celles de Nottingham-
« shire (227 kilomètres) et 8 fr. 25 pour celles de
« South-Yorkshire (275 kilomètres). En 1863, l'en-
« tente étant établies entre les compagnies du
« Nord de la Tamise, les deux prix furent relevés
« à 7 fr. 50 et 9 fr. 20. Plus tard, en 1867, sans
« justification spéciale, on trouva bon d'ajouter
« 60 cent. par tonne et les deux prix furent portés
« à 8 fr. 10 et 9 fr. 80. En France, un pareil relè-
« vement n'eût pas été possible, le ministre des
« travaux publics eût opposé son veto : on ne
« connaît pas ces mesquines entraves dans la li-
« bre Angleterre; on ne les a pas du moins con-
« nues jusqu'ici, mais le Parlement est en train de
« tout gâter. »

Si les compagnies de chemins de fer anglais n'ont pas à compter avec des vetos ministériels, c'est qu'elles n'ont réclamé ni grandes subventions, ni garanties d'intérêt de l'État, et quoi qu'il en soit du veto ministériel, on ne pourrait les empêcher de relever leurs tarifs dans les limites des prix octroyés par le cahier des charges.

Il est étrange de voir combien en France même les meilleurs esprits se paient de mots et jusqu'où va le chauvinisme administratif. En Angleterre, en Belgique, aux États-Unis, là où l'État n'a point contracté d'engagements envers les compagnies, pour garantir l'intérêt des capitaux engagés dans la construction des chemins de fer, les compagnies se sont groupées pour cesser une concurrence désastreuse pour elles, elles ont relevé leurs tarifs, pour pouvoir retrouver l'intérêt de leurs capitaux. Est-ce que ces capitaux, qui représentent des milliards, ne font pas partie de la fortune publique et ne sont pas aussi dignes de considération que ceux mis dans les usines et dans le commerce?

En France, où l'État a garanti aux compagnies l'intérêt d'une partie de leurs capitaux, celles-ci ne se sont pas encore préoccupées de relever leurs tarifs, puisque c'est l'État qui paie les déficits : or, comme ces déficits ont toujours été en croissant au fur et à mesure que le réseau s'augmentait et que son budget est très-surchargé, il a mis sur les transports à petite vitesse un impôt de 5 p. 100 qui, au moment où il fut créé, correspondait sensiblement au déficit de 30 millions qu'il avait à payer aux compagnies pour qu'elles puissent payer l'intérêt du capital garanti; mais qu'importe au négociant, à l'industriel, que l'augmentation du prix de transport de sa marchandise s'appelle relèvement de tarif ou impôt sur la petite vitesse? Le résultat est toujours le même, les compagnies versent à l'État le produit de l'impôt sur la petite vitesse, et celui-ci le rend aux compagnies pour les aider à payer les intérêts des capitaux dépensés pour la construction du réseau secondaire. Lorsque le résultat de cette augmentation de prix de transport ne rentrera plus dans les caisses des compagnies, sous le nom de garantie d'intérêt, l'État ne pourra pas et n'aura pas le droit de les empêcher de prélever ces intérêts sur le prix des transports, en remplaçant l'expression factice d'impôt par la vraie, relèvement des tarifs. Ainsi, aujourd'hui, la garantie d'intérêts de l'État le force à avancer de 40 à 45 millions par an aux compagnies; si cette somme ne leur était point payée, il n'y aurait point exigence de leur part en relevant les tarifs de 10 pour 100 pour retrouver cette somme, et le cahier des charges ne pourrait rien contre une situation que l'État a créée par les excès de ses exigences en dépenses de construction et d'exploitation, de lignes d'ordres secondaire et tertiaire.

Donc, loin d'être dans une meilleure situation que ceux des autres pays, les chemins de fer français sont lancés sur une pente qui les conduira fatalement à la nécessité d'un relèvement de tarifs sous une forme quelconque, ou à la ruine des capitaux engagés dans ces entreprises, si MM. les ingénieurs de l'État et nos législateurs ne jugent pas opportun de modifier dans un sens sérieusement économique le cahier des charges des chemins de fer restant à construire.

§ 4. CE QUE DOIT ÊTRE UN CHEMIN DE FER D'INTÉRÊT LOCAL.

Les faits et le sens commun concourent donc à démontrer qu'il est nécessaire d'abandonner l'idée malheureuse de l'application du type des lignes principales aux chemins de fer d'intérêt local, et qu'il faut aviser à établir ces derniers sur des bases beaucoup moins dispendieuses de construction et d'exploitation, pour pouvoir donner une juste satisfaction aux intérêts, sans engager inconsidérément la fortune publique ou individuelle, même avec des prévisions de recettes brutes kilométriques pouvant descendre jusqu'à six et sept mille francs par an.

Ces chemins seront aux lignes secondaires ce que celles-ci ont été aux lignes principales ; ils en accroîtront nécessairement le trafic, en allant draîner sur toute la superficie du territoire de nouveaux éléments de transports. Sans devenir brillante, la situation financière des lignes secondaires sera améliorée par le concours de ces annexes, et les grandes compagnies auront un intérêt direct à en faciliter le développement.

La solution que je propose, pour répondre aux conditions économiques que je viens de poser, n'est point nouvelle, elle a reçu et reçoit tous les jours de nombreuses applications hors de France. C'est donc une solution pratique sanctionnée par l'expérience. Ce sont des chemins de fer à voie étroite de 80 centimètres à 1 mètre 10 de largeur, avec des rails légers du poids de 16 à 20 kilogrammes le mètre courant, un matériel roulant en harmonie avec la force des rails circulant sur des chemins dont le rayon minimum des courbes est de 70 à 80 mètres.

Ce type de chemins de fer donne pleine et entière satisfaction aux contrées qu'ils desservent, toutes les fois que l'importance du trafic ne dépasse pas une recette brute kilométrique de 25 à 30 000 francs par kilomètre, en n'ayant qu'une voie.

Je donne ci-après des renseignements sur le développement qui leur a déjà été donné dans diverses contrées, sur leur prix de revient de construction, leurs recettes et leur dépenses d'exploitation, avec notes plus détaillées sur l'organisation de quelques-uns.

Depuis longtemps déjà la question des chemins de fer à voie étroite est discutée en France par les hommes techniques; la grande objection de ceux qui y sont contraires et à l'aide de laquelle ils ont pleinement réussi à égarer l'opinion publique, c'est le transbordement des marchandises aux bifurcations; c'est une objection spécieuse dont je démontrerai l'inanité.

Les chemins de fer d'intérêt local doivent être aux chemins de fer d'intérêt général ce que les routes départementales et les chemins vicinaux de grande communication sont aux routes nationales, rien que cette simple comparaison indique parfaitement dans quel ordre d'idées on aurait dû entrer lorsqu'on a fait la loi sur les chemins d'intérêt local. La réduction pure et simple de la largeur de la voie aurait en outre eu l'avantage de couper court à cette série de spéculations faites, non point en vue des intérêts à desservir, mais principalement de se faire racheter chèrement par les grandes compagnies. J'ai expliqué plus haut comment la non-réussite de ces spéculations et les désastreuses conséquences financières entraînées après elles ont jeté sur les chemins d'intérêt local un discrédit capable d'entraver pour longtemps encore leur propagation.

§ 5. RENSEIGNEMENTS GÉNÉRAUX SUR LES CHEMINS DE FER A VOIE ÉTROITE EXISTANT EN DIVERSES CONTRÉES.

Dans les contrées où les chemins de fer à voie étroite sont en vigueur, ils ont le plus souvent une chaussée spécialement construite sur tout le parcours, mais ils ne sont pas complétement clôturés, ils sont ainsi, de même que les grandes lignes, complétement indépendants des nombreuses suggestions et chances permanentes d'accidents auxquels ils donnent lieu lorsqu'ils sont établis, soit en totalité, soit en partie, sur l'accotement d'une route déjà existante. Ils peuvent, en outre, dans le premier mode d'établissement, avoir un profil en long ménageant les déclivités dans des conditions d'économie d'exploitation bien supérieures à celles auxquelles donne lieu l'obligation de suivre toutes les ondulations, en montées et en descentes, de routes pour lesquelles des déclivités de 2 à 3 pour 100 représentent le maximum de bonnes conditions d'installation, tandis qu'elles devraient être le maximum des mauvaises conditions d'établissement d'une voie ferrée, sauf quelques cas exceptionnels.

Nous n'avons en France, jusqu'à ce jour, qu'un

seul chemin de fer à voie étroite faisant le service
des voyageurs, c'est celui de Lagny à Villeneuve-
le-Comte, exploité sur 12 kilomètres de longueur;
il a commencé son service d'exploitation en 1872.
Le but principal de ce chemin, en attendant son
prolongement jusqu'à Mortcerf, est plutôt de relier
des carrières importantes de pierres meulières de
la Marne que de desservir la contrée qu'il tra-
verse; il a coûté 52 000 francs par kilomètre, il
longe la route de Lagny à Villeneuve sur 10 kilomètres.

Quelques chemins industriels existant depuis
plus de vingt-cinq à trente ans, exploités d'abord
avec des chevaux, et depuis longtemps déjà avec
des locomotives, relient des mines à des canaux et
à des voies ferrées, rendent des services importants, qui ne le cèdent en rien, en tant qu'importance du tonnage transporté, à ceux que rendraient
à ces mines des chemins à large voie.

Celui de Commentry à Montluçon, d'une longueur
de 23 kilomètres, transporte jusqu'à 400 000 tonnes
de houilles et cokes par an. A son point de raccordement avec le chemin à voie large de Moulins
à Montluçon, les houilles et les cokes sont trans-
bordés dans les wagons de la Compagnie d'Orléans; ce transbordement coûte 0 fr. 02 c. par
tonne.

En Suède et en Norvége, qui sont les contrées
d'Europe où les chemins de fer à voie étroite ont

reçu le plus grand développement, 981 kilomètres de ces chemins étaient en exploitation à la fin de 1874, et 560 kilomètres étaient en construction. Sauf quelques exceptions, pour prolonger des lignes à voie large déjà existantes, c'est au type du chemin à voie étroite (1^m,07) que l'on semble vouloir s'arrêter, eu égard à la faiblesse des recettes kilométriques, qui, sur les lignes principales mêmes, ne dépassent pas, en moyenne, 10 à 12 000 francs par kilomètre.

En Suisse, deux chemins de fer à voie étroite (1 mètre) sont en exploitation : leur analogie avec le chemin de fer d'intérêt local me conduira à donner des détails assez complets sur la construction, l'exploitation et les dispositions financières adoptées pour la subvention de l'un d'eux, en exploitation depuis le 1er juin 1874.

En Italie, il existe aussi un chemin de fer à voie étroite, faisant presque exclusivement le service des voyageurs entre Turin et Rivoli; il est en exploitation depuis 1871.

En Allemagne, il existe un chemin de fer à voie très-étroite (vallée du Broël, près Cologne) (0^m,80) en exploitation depuis 1864, qui fait un service de marchandises et de voyageurs.

Aux États-Unis, il y a plus de 3000 kilomètres de chemins à voie étroite (1^m,07) en exploitation, et plus de 7000 kilomètres sont en construction.

Depuis 1870, l'Angleterre a répandu sur une

très-grande échelle les chemins de fer à voie de
1 mètre et de 1^m,07 de largeur dans toutes ses vastes
colonies de l'Inde, du Canada et de l'Australie;
1400 kilomètres étaient en exploitation en 1874 et
1800 en construction.

S'il était un terrain sur lequel l'administration
française aurait pu porter son attention pour
construire dans ses colonies des chemins de fer
dont la dépense fût un peu mieux en harmonie
avec les services à rendre et les recettes à faire,
c'était *certainement l'Algérie,* où aucun précédent
ne la gênait, mais toujours avec l'idée malheureuse de faire grand, coûte que coûte, et de ne pas
vouloir démordre des chemins de fer à grands
rayons, à large voie, elle a préféré, au lieu de
vouloir tolérer une solution économique, engager
le Trésor à payer une subvention de 80 millions
de francs, plus une garantie de 5 pour 100 sur un
capital supplémentaire de 80 millions pour un réseau de 513 kilomètres qui a coûté 170 millions
à la Compagnie de Paris à Lyon et à la Méditer-
ranée, soit 330 000 francs par kilomètre, et qui,
en exploitation depuis des années, a donné, en
1874, une recette brute moyenne kilométrique de
12 556 francs par an pour une dépense d'exploitation de 9683 francs, et un produit net total de
1 473 780 francs, soit 0 fr. 86 c. pour 100. Avec ce
capital de 170 millions et leur esprit pratique, les
Anglais auraient fait construire 2000 kilomètres

qui eussent bien autrement aidé les développements de la colonie que les 513 kilomètres existants.

Le tableau ci-après indique le développement, les principales conditions d'établissement, de prix de revient de dépense kilométrique pour la construction de la ligne et du matériel roulant, de chemins de fer à voie étroite, en exploitation et en construction à la fin de 1874 dans diverses contrées du globe.

DÉSIGNATION des contrées	LONGUEUR en kilomètres		LARGEUR de la voie	RAYON MINIMA des courbes	POIDS du mètre et des rails	DÉPENSE TOTALE par kilomètre	
	exploitation	construction					
	kil.	kil.	mètres	mètres	kilog.	fr.	c.
France.	15	144	1, »	»	»		
Algérie	»	250	1,10	80, »	20, »		
Norvége........	321	320	1,70	180, »	17 à 20	41 à 83 000	»
Suède........	660	240	0,75 à 1,20	200, »	18 à 22	36 à 73 000	»
Russie........	335	»	1,07	200, »	20	67 à 95 000	»
Inde anglaise...	176	1070	1, »	100, »	20	74 à 113 000	»
Australie.......	478	»	1,07	100, »	20	»	»
Canada	736	600	1,07	»	19,5	40 à 60 000	»
États-Unis	3009	7500	0,91	60, »	16,5	30 à 50 000	»
Pérou........	28	503	0,191 à 1,07	80, »	16 à 20	100 à 340 000	»

Il ne faut pas croire que ce principe de la voie étroite n'est appliqué que sur des tronçons d'un faible parcours seulement, ni qu'ils ont reçu un si grand développement dans quelques contrées que parce qu'il n'y avait pas encore de grandes lignes établies à voie large.

Ainsi, en Suède, le développement des chemins à voie large (1^m,44) est de :

En exploitation, 3420 kilomètres.

En construction, 2450 kilomètres.

Pour un réseau à voie étroite de 0^m,75 à 1^m,20, nouvellement commencé, de 900 kilomètres.

La longueur des sections à voie étroite varie de 15 à 95 kilomètres.

Voici quel a été le résultat financier de l'exploitation des chemins de fer à voie étroite en Suède et en Norvége pour l'année 1872, *d'après le rapport fait par M. l'inspecteur général des ponts et chaussées Dumon au ministre des travaux publics de Belgique en novembre 1874.*

APPARTENANT A	LONGUEUR exploitée	RECETTES brutes par kilomètre	DÉPENSES d'exploitation par kilomètre	PRODUIT net
	kilom.	fr. c.	fr. c.	fr. c.
Suède. Des compagnies.......	466	10 300 »	5 300 »	5 000 »
Norvége. A l'État..........	230	3 400 »	2 700 »	700 »

Les chemins suédois à voie étroite ont coûté en moyenne 52 800 francs par kilomètre, ont rapporté en moyenne 10 pour 100; ils ont l'inconvénient d'avoir trop de largeurs différentes de voie variant de 0^m,75 à 1^m,220, soit une moyenne de 1 mètre qui est la plus convenable.

Aux points de jonction de ces lignes avec celles à voie large, le transbordement des marchandises revient à 0 fr. 21 c. la tonne.

J'insiste sur la source officielle de ces renseignements, ils sont de la plus haute importance.

Aux États-Unis, le développement des chemins de fer à voie large (1^m,44 à 1^m,83) dépasse 76 000 kilomètres; s'il n'y en a pas trop pour le public, il y en a beaucoup trop pour les actionnaires; car jusqu'à ces derniers temps, presque aucun ne donnait de dividendes sérieux, par suite de la grande concurrence qu'ils se faisaient entre eux : aussi, comme on l'a vu, ont-ils d'un commun accord relevé leurs tarifs pour éviter une ruine complète. C'est pourquoi les chemins à voie étroite (0^m,91) prennent chaque jour plus d'extension, car ils satisfont parfaitement au mouvement du trafic et coûtent beaucoup moins cher.

Le réseau commencé a un développement de 1300 kilomètres; l'un de ces chemins, celui de Denver à Rio Grande, a aujourd'hui 300 kilomètres de longueur en exploitation; et, lorsqu'il sera achevé, sa longueur totale sera modestement de 1300 kilomètres. Beaucoup d'autres de ces chemins à voie de 0^m,91 auront de 400 à 500 kilomètres de longueur.

Moi-même, lorsqu'il y a sept ans je fus chargé

de l'étude définitive du chemin de fer de Chimbote à Huaraz (Pérou) avec prolongement jusqu'aux mines d'argent de Recuay, devant s'élever presque au faîte des Andes, je n'ai pas craint de projeter un chemin de 1 mètre de largeur pour une longueur de 265 kilomètres, avec des rampes maxima de 4 pour 100 et des rayons minima de 80 mètres. Ce chemin a reçu un commencement d'exécution; les embarras, ou plutôt le gaspillage financier du gouvernement Péruvien, en a fait suspendre les travaux, aussi bien que ceux du chemin de fer de Lima à Pisco, de 238 kilomètres de longueur, dont j'ai également fait les études. Ces deux chemins, placés dans des conditions de difficultés de terrain bien différentes, présentent des prix de dépenses parfaitement en harmonie avec ces difficultés : le premier avait à suivre une gorge sinueuse et très-souvent abrupte, resserrée entre la chaîne principale des Andes et un de ses rameaux, dominant le fond de la gorge dans beaucoup de points, de 2000 à 2500 mètres de hauteur; malgré la faiblesse des rayons de courbures, il comportait une série de souterrains d'un développement de 5000 mètres; son point de départ de la baie de Chimbote était à 5 mètres seulement au-dessus du niveau de la mer, pour arriver à 3640 mètres d'altitude dans son parcours de 265 kilomètres.

L'étude en avait d'abord été faite à voie large avec rayons minima de 200 mètres : le développement des souterrains eût été, dans ce cas, de 15 000 mètres, l'estimation s'élevait à 175 millions. Réétudié et adjugé sur les bases d'une voie étroite avec rayons minima de 80 mètres et rails en fer de 18 kilogrammes le mètre courant, l'estimation ne s'éleva plus qu'à 90 millions, soit environ 50 pour 100 d'économie.

Le second, de Lima à Pisco, suivait le long de la côte et n'avait que quelques points difficultueux, là où les derniers contre-forts des Cordillères venaient plonger dans l'océan Pacifique.

Il ne faut pas se fixer sur le prix de revient kilométrique, relativement énorme, porté au tableau pour ces deux chemins : pour l'Europe, ces prix devraient être divisés par 2 environ, parce que au Pérou, ouvriers spéciaux, outils, matériel de toute sorte, même les bois, doivent y être amenés d'Europe ou de l'Amérique du Nord.

§ 6. CHEMINS DE FER DE LAUSANNE A ECHALLENS (SUISSE).

La Société anonyme formée pour la construction et l'exploitation de ce chemin de fer, ayant 14 kilomètres de longueur, obtint cette concession pour une durée de 99 ans à partir de la mise en exploitation de tout le parcours ; son capital social a été constitué à 800 000 francs, divisé en 1600 actions au porteur réparties comme suit :

1° 1000 actions privilégiés, souscrites par les actionnaires, de 500 francs chacune, libérables par des versements réels, ayant droit à un dividende de 7 pour 100 sur les versements opérés, avant toute participation des actions de 2ᵉ classe aux produits nets excédant ce rendement ;

2° 600 actions de 2ᵉ classe de 500 francs chacune souscrites par l'État de Vaud. Ces actions ont été délivrées à l'Etat au fur et à mesure que celui-ci effectua, entre les mains de la Compagnie, les versements de la subvention de 300 000 francs accordée par lui à la Compagnie.

Cette subvention était payable comme suit : deux cinquièmes après réception des travaux de la ligne, au bout d'un mois d'exploitation.

Trois cinquièmes à solder en 3 annuités, ces trois cinquièmes rapportant intérêt à 4 1/4 pour 100 en faveur de la Compagnie, jusqu'à complet paiement, à partir du jour de la réception définitive du chemin.

Ces actions participent aux bénéfices de la société au même titre que les actions de 1ʳᵉ classe, après le paiement fait à ces dernières d'un dividende de 7 pour 100, et l'amortissement du matériel fixe et roulant. La Société est en outre autorisée à contracter des emprunts par obligations, ou à augmenter son fonds social dans le but de construire des embranchements ou des prolongements, sous la réserve pour les obligations que ces emprunts ne dépasseront pas le capital effectivement réalisé en actions.

Rachat du chemin de fer par l'État.

L'État s'est réservé la faculté de racheter le chemin au bout de la 30e, 45e, 60e, 75e ou 90e année à dater du commencement de l'exploitation, après avoir avisé la Compagnie cinq ans à l'avance, aux conditions suivantes :

Si le rachat a lieu à l'expiration de la 30e, 45e ou 60e année, il paiera vingt-cinq fois la valeur de la moyenne du produit net pendant les dix années précédant immédiatement l'époque à laquelle le canton de Vaud aura annoncé le rachat (après avoir défalqué les sommes versées au fonds d'amortissement dont il a été parlé précédemment).

De la soixante-quinzième année, il paiera vingt-deux fois et demie la moyenne des produits nets, comme il est déjà dit.

De la quatre-vingt-dixième année, il paiera vingt fois la moyenne, le montant de l'indemnité du rachat ne pouvant en aucun cas être inférieure au capital primitif.

Je ferai remarquer qu'en Suisse les chemins de fer ne deviennent propriété de l'État, à la fin de la concession, que par suite de l'achat des lignes, d'où il résulte que les compagnies n'ont pas à se préoccuper de prélever sur leurs produits nets un fonds d'amortissement pour le capital dépensé.

Le service financier de la Compagnie est établi de la manière suivante :

1° 5 pour 100 pour la formation d'un fonds de réserve ;

2° 10 pour 100 aux administrateurs ;

3° 5 pour 100 aux employés, à la condition que les administrateurs et les employés n'auront droit à une part de bénéfices que lorsque les actions privilégiées auront reçu au moins 4 pour 100 ;

4° 80 pour 100 aux actionnaires, sous retenue de ce qui aura été jugé nécessaire pour constituer l'amortissement du capital matériel fixe et roulant, et dont le taux sera fixé au bout de quatre ans d'exploitation, de concert avec le conseil d'État du canton de Vaud.

Tracé.

Le chemin emprunte le côté gauche de la route de Lausanne à Echallens, depuis son origine jusqu'à Prilly où la voie est établie sur l'accotement. A partir de ce point, il dévie en dehors de la route sur 250 mètres de longueur, puis revient sur la route où il reste jusqu'à Romanet.

A cette dernière station, la ligne subit une nouvelle déviation de 630 mètres, contourne le village, et prend le côté droit de la route, qu'elle conserve jusqu'à Estagnières, après s'en être écartée sur 850 mètres, en passant à droite et en dehors du village de Cheseaux.

Enfin, aux villages suivants d'Assens et d'Echallens, le chemin abandonne encore la route pour contourner ces localités. Ces déviations en dehors de la route, faites en vue d'éviter les chances d'accidents et de laisser la circulation parfaitement libre dans les villages, ont un développement total de 2800 mètres.

Le cahier des charges fixe le rayon minimum des courbes à 100 mètres en dehors des stations;

60 mètres dans les stations.

Les courbes en sens inverse doivent être séparées par un alignement droit d'au moins 30 mètres, et dans les endroits seulement où un plus grand alignement droit occasionnerait une notable augmentation de dépenses.

Cependant, une courbe de 60 mètres a été tolérée en dehors des stations pour éviter une grande tranchée dans le rocher.

La Compagnie est restée libre d'adopter dans son tracé les pentes et rampes qu'elle a jugées convenables, à la seule condition de faire circuler ses trains à la vitesse de 19 kilomètres à l'heure seulement.

Je ferai remarquer en passant que cette liberté est en quelque sorte illusoire, attendu qu'en autorisant un chemin de fer à s'établir sur l'accotement d'une route, c'est en vue d'une dépense de construction économique, et que si on voulait en rectifier le profil on se trouverait entraîné à des travaux de terrassements trois fois plus considérables que pour la construction d'une chaussée spéciale pour le chemin de fer, et que s'il est une condition à laquelle on doive cependant faire des sacrifices de premier établissement, en vue de l'économie et de la sécurité dans l'exploitation, c'est notamment celle d'avoir les déclivités les moins fortes possible; car les frais de traction et d'entretien de la voie croissent presque comme les déclivités à partir de 1 pour 100, et il est beaucoup moins facile de maîtriser la vitesse d'un train lancé sur une forte pente que celle d'un train circulant dans des courbes avec des pentes faibles.

On voit par ce qui précède que ce chemin a dû être dévié de la route sur près d'un cinquième de son parcours (2800 mètres pour 14100 de longueur totale), que son raccord avec la route lui a créé l'obligation de s'astreindre au profil généralement défectueux d'une route et aux sujétions qui résultent, pour l'exploitation, du contact avec la circulation publique. En résumé, l'usage de l'accotement des routes ne semble pas constituer un avantage sérieux pour y placer un chemin de fer, même à voie étroite.

Cette ligne a :

1186 mètres en palier.

4184	—	avec déclivités de	0 à 6^{mm} par mèt.
1416	—	—	de 6 à 10	—
1679	—	—	de 10 à 15	—
2431	—	—	de 15 à 25	—
3373	—	—	de 25 à 40	—

La moyenne de ces déclivités dépasse 15 millimètres par mètre ou 1 1/2 pour 100.

L'établissement de la voie est fixée comme suit par le cahier des charges :

Toutes les fois que la ligne sera établie sur la route, la largeur laissée disponible pour la circulation ordinaire (non compris les fossés, talus et trottoirs) est fixée à 5^m,40 et dans certaines parties à 7^m,20. La largeur de la plate-forme doit être de 2^m,10 à la surface inférieure du ballast, pour les parties établies sur la route.

La largeur de la plate-forme des terrassements lorsque la ligne sera établie en dehors de la route est fixée à 3 mètres entre les arêtes intérieures des fossés, pour les parties en déblais et la tête des talus pour les parties en remblais, ces talus doivent avoir une inclinaison de 3 mètres de base pour 2 de hauteur. Les talus de déblais ont, dans les terres, une inclinaison de 45°.

Les fossés doivent avoir 0^m,50 de largeur au niveau de la plate-forme.

Le ballast a une épaisseur de 0^m,30, mesuré à 0^m,05 en contre-bas du niveau des rails ; sa largeur en tête est de 2 mètres ; l'épaisseur du ballast est portée à 0^m,50 dans les tranchées en glaise humide ou en rocher et dans les terrains marécageux.

La voie a une largeur de 1 mètre entre les bords intérieurs des rails, elle est construite avec des rails à patin du poids de 29 kilogrammes le mètre courant.

Les traverses ont une dimension de 1^m,50 de longueur et un équarrissage de 0^m,16 sur 0^m,12 ; leur écartement maximum est de 1^m,30, de milieu en milieu ; cet écartement est réduit à 0^m,60 pour celles placées des deux côtés du joint des rails qui est en porte-à-faux avec éclisses.

Dans les parties à deux voies, l'entre-voie est fixée à 1^m,80 ; elle est de 2^m,40 dans les gares.

Les stations sont établies en palier ou avec des déclivités ne dépassant pas 2 millièmes ; elles doivent être pourvues d'abris pour les voyageurs, et du matériel nécessaire au chargement et au déchargement des marchandises.

Les stations placées aux extrémités de la ligne doivent avoir, en outre, une remise pour les locomotives, une remise pour les voitures, et un réservoir d'eau pour le service des locomotives. A l'une d'elles il est établi un petit atelier outillé pour faire les réparations courantes.

Des clôtures économiques doivent être établies aux endroits désignés par le conseil d'Etat.

Des barrières doivent être installées aux passages à niveau où elles sont jugées nécessaires par le conseil d'État.

Tous les passages à niveau sans barrières ne sont pas gardés, ils sont munis de petits disques fixes indiquant au mécanicien qu'il doit sonner sa cloche pour avertir de l'arrivée du train.

Je ferai remarquer que ce chemin, sur un parcours de 14 200 mètres, a modestement cinquante-six passages à niveau ; il doit falloir un homme spécial pour sonner la cloche, car ce même système d'avertissement doit être employé dans toutes les parties longeant la route, dès que l'on rencontre une voiture.

L'établissement du service télégraphique dans les stations a été l'objet d'une convention spéciale entre la Confédération, les communes intéressées et la Compagnie.

Il y a actuellement trois stations télégraphiques, savoir : Lausanne, Cheseaux et Echallens, dont le service est fait par les chefs de gare pour les gares extrêmes, et un agent de l'administration télégraphique à Cheseaux.

Les travaux ont été exécutés sous le contrôle d'agents désignés par le conseil de l'État de Vaud.

La surveillance de l'exploitation est faite par des agents de l'État auxquels la Compagnie doit le transport gratuit.

Exploitation.

Le personnel d'exploitation, placé sous les ordres du conseil d'administration et du comité de direction, comprend :

1 ingénieur chef de service ;
1 comptable ;
2 chefs de gare ;
6 chefs de station qui ne sont autres que les facteurs des postes des localités. Ils apportent les dépêches quelques instants avant l'arrivée de chaque convoi et distribuent les billets, ils reçoivent de la Compagnie, pour ce service, 1 franc par jour;
2 employés des trains ;
2 mécaniciens ;
2 chauffeurs ;
2 aiguilleurs ;
2 chefs d'équipe pour entretien de la voie ;
8 hommes d'équipe de la voie. Ces derniers viennent aider le personnel des gares ou des trains, les dimanches ou autres jours d'affluence des voyageurs.

Le matériel roulant se compose de :

4 locomotives du poids de 9 à 15 tonnes ;
12 voitures à voyageurs 1re et 2e classe;
6 fourgons à bagages ;
1 wagon à marchandise fermé ;
14 wagons de hauts bords ;
6 wagons plate-forme.

Le cahier des charges fixe à trois le nombre minimum des trains à organiser par jour dans chaque direction, avec possibilité de réduire ce nombre à deux pendant les mois de décembre, janvier et février, la Compagnie étant cependant tenue de faire un service correspondant aux besoins du trafic, et devant organiser le nombre de trains nécessaires.

La durée totale du parcours est de 50 minutes, la vitesse des trains étant calculée à raison de 25 kilomètres à l'heure, non compris les arrêts.

Tarifs de transports.

1° *Voyageurs.* — 0, fr. 10 par kilomètre pour la 1re classe, 0,07 id. pour la 2e classe.

Il n'y a pas de 3e classe.

Les enfants de trois à dix ans paient demi-place.

Chaque voyageur a droit au transport gratuit

des petits colis à la main dont le poids n'excède pas 15 kilogrammes, et dont le volume et la nature ne crée pas un embarras pour les autres voyageurs.

Les colis d'un poids supérieur à 15 kilogrammes ou de nature à gêner les autres voyageurs sont transportés aux conditions des marchandises à grande vitesse.

La Compagnie est obligée de réduire de 20 p. 100 la taxe des billets d'aller et retour, valables pour une seule journée, et à créer des carnets d'abonnements avec une réduction de 30 p. 100 pour une circulation régulière.

On voit par ces réductions de tarif que la suppression de la 3ᵉ classe n'est nullement onéreuse aux populations, surtout pour un chemin de petite longueur où les voyages d'affaires courantes ou d'agrément se font généralement aller et retour dans la même journée. Cette suppression d'une classe de voyageurs est presque indispensable pour pouvoir réduire le poids mort considérable qu'entraîne l'usage des 3 classes, et par suite les frais de matériel et de traction. C'est du reste ce qui a lieu depuis longtemps sur les services de banlieue des environs de Paris.

2° *Marchandises.* — Les marchandises à petite vitesse sont soumises aux taxes suivant leur nature.

1re *Classe*. — Chevaux et gros bétail par tête et par kilomètre. . . . . 0 fr. 27

Petit bétail et chiens, id. . . . . 0 fr. 07

2e *Classe*. — Denrées et matériaux de construction, bois à brûler, grains et pommes de terre, par kilomètre et par quintal (50 kilogrammes) 0 fr. 0 15.

Toutes autres marchandises . . . . . 0 fr. 0 20.

Le minimum de la taxe est fixé à 0 fr. 25 par expédition.

Les poids sont comptés par fraction de 25 kilo grammes.

Lorsque le poids de la marchandise expédiée par un même expéditeur dépasse 1000 kilogrammes, le tarif est abaissé à 0 fr. 10 par quintal sans distinction de distance.

Les marchandises voyageant en grande vitesse, sur la demande de l'expéditeur, peuvent-être soumises à une surtaxe supplémentaire de 50 p. 100.

D'après ces bases, je ferai observer que la longueur totale de la concession étant de 14 kilomètres, on peut admettre comme distance moyenne de transport 10 kilomètres, ce qui correspond à un tarif de 0 fr. 20 par tonne et par kilomètre pour expédition pesant au moins une tonne.

La raison de ce tarif, relativement élevé, se conçoit facilement en présence des fortes déclivités de ce chemin, signalées déjà, et atteignant 4 p. 100 ; car, si on appliquait partout le même tarif de transport, les résultats d'exploitation seraient complétement différents pour des lignes qui, ayant le même tonnage à transporter, seraient établies, l'une en plaine avec de faibles déclivités, l'autre en pays de montagnes avec de fortes déclivités, ou même pour deux lignes à fortes déclivités, dont le mouvement principal des marchandises aurait lieu, pour l'une, à la montée ; pour l'autre, à la descente.

C'est par suite de ces considérations que le gouvernement fédéral, ayant compris la nécessité d'attribuer à chaque ligne des tarifs rationnels et suffisamment rémunérateurs, a fixé, en 1873, les coefficients par lesquels il convient de multiplier la taxe normale (c'est-à-dire celle des grandes lignes à faibles déclivités) pour obtenir la taxe applicable à l'ensemble de chaque ligne d'embranchement, en raison des déclivités et du sens principal du mouvement des marchandises.

C'est en raison de l'application de ce principe que l'on a fixé à 0 fr. 20 le prix de transport kilométrique d'une tonne, sur le chemin de fer de Lausanne à Echallens.

Dépenses de construction.

Les dépenses de construction de ce chemin se sont élevées à près de 750 000 francs, soit 52 800 fr. par kilomètre, tout compris.

Résultats d'exploitation.

La ligne entière n'a été mise en exploitation qu'à partir du 1er juin 1874.

Les recettes brutes du chemin jusqu'au 1er août 1876 ont été les suivantes :

ÉPOQUES d'exploitation	RECETTES BRUTES			RECETTES annuelles kilométriques
	Voyageurs	Bagages et marchandises	TOTAL	
	fr. c.	fr. c.	fr. c.	fr. c.
Du 1er juin au 31 decembre 1874........	»	»	46 893,»»	5 598,60
Du 1er janvier au 31 décembre 1875....	68 976,45	9 323,55	78 300,»»	5 521,80
Du 1er janvier au 1er août 1876	47 718,35	6 486,85	54 205,20	6 553,»»
Total du 1er juin au 31 juillet 1876.			179 398,20	

L'augmentation des produits bruts a été de près de 20 p. 100 dans la seconde année d'exploitation, c'est déjà un résultat satisfaisant.

Les dépenses d'exploitation se sont élevées à 5420 francs par kilomètre, comportant une dépense kilométrique de 1270 francs rien que pour l'administration centrale. Il y a là 6 à 700 francs d'économie par kilomètre à faire.

On remarquera la faiblesse du produit des marchandises, elle tient à deux causes principales : la première, c'est qu'à Lausanne le chemin n'est pas encore relié avec la station de la ligne principale Genève-Lausanne-Vevey, de la station de laquelle elle est encore éloignée de 600 mètres environ, et qu'elle ne peut en recevoir ni donner des marchandises sans des frais énormes de transbordement par charrettes. La seconde, c'est que cette ligne est trop courte pour avoir un trafic avantageux de marchandises ; car il est plus économique de transporter par voie de terre les produits de la ferme à la ville voisine ou à la station de la ligne principale, pour les objets à exporter, dans un rayon de 7 à 8 kilomètres de l'un de ces points, que de les faire transporter par l'embranchement, car en même temps le fermier rapporte à la ferme les objets dont il a besoin ; c'est une petite journée de voyage sans fatigue pour lui et ses chevaux.

Mais nul doute qu'une fois relié à la ligne principale et prolongé d'une dizaine de kilomètres au moins, pour que ce chemin puisse vivre et rendre des services sérieux aux populations réellement en dehors de la zone d'action locale moyenne de la ligne principale, nul doute assurément que, d'après les recettes actuelles, les recettes à venir atteindront 9 à 10 000 francs par kilomètre sans que les frais d'exploitation dépassent 65 à 70 p. 100 des recettes, ce qui donnera un dividende de 6 à 7 p. 100 aux actions privilégiées.

Ce chemin est en outre placé dans une condition économique très-désavantageuse, il est parallèle à la grande ligne de Lausanne à Yverdon dont il n'est en moyenne éloigné que de 8 à 10 kilomètres, ce qui absorbe une grande partie du trafic qu'il pourrait avoir de ce côté-là.

§ 7. CHEMIN DE FER DE TURIN A RIVOLI.

Ce chemin de 12 kilomètres de longueur n'a qu'une largeur de voie de 0^m 90, il est établi sur l'accotement de la grande route de Turin à Rivoli ; le chemin de fer est séparé de la partie de la route réservée à la circulation des voitures par un fossé bordé de haies, de sorte que la largeur de cette route, qui était primitivement de 17 mètres, est réduite à 12 mètres, soit 5 mètres de largeur occupés par l'emplacement du chemin de fer.

La déclivité moyenne est de 0,0088 et la plus forte est de 0^{m}017.

Le plus petit rayon des courbes est de 200 mètres.

Le remblai le plus élevé a 5^{m}80 de hauteur et le déblai le plus profond a 6^{m}40.

Les ouvrages d'art consistent en vingt ponts et aqueducs de 8^{m}30 à 1 mètre d'ouverture.

Les passages à niveau sont au nombre de 6 dont 4 sont surveillés par des gardes et 2 de moindre importance, ordinairement fermés, ne sont ouverts qu'au moment où des voitures doivent traverser la voie.

Le nombre des stations est de quatre.

La plate-forme du chemin de fer a 3^{m}20 de largeur, celle du ballast au niveau supérieur des rails est de 2 mètres.

La voie a 0^{m}90 de largeur entre les faces intérieures des rails.

Les rails pèsent 21^{k}45 le mètre courant.

L'écartement moyen d'axe en axe des traverses est de 0^{m}75, elles ont 1^{m}80 de longueur et un équarrissage de 0^{m}20 sur 0^{m}12.

La ligne est munie d'un service télégraphique.

Le matériel roulant se compose de :

4 locomotives pesant en ordre de marche 10 500 kilogrammes ;

15 voitures à voyageurs ;

3 fourgons à bagages ;

3 wagons à marchandises.

La composition de ce matériel roulant indique bien que ce chemin est presque exclusivement consacré au service des voyageurs. En effet, pour les mêmes raisons que nous avons déjà données au sujet des faibles recettes de marchandises du chemin de fer de Lausanne à Echallens, il ne saurait en être autrement ; ce chemin est trop court pour présenter des avantages économiques importants pour le transport des produits du sol, de la ferme à la ville, voir même des échanges de marchandises entre les deux villes.

Les dépenses de construction se sont élevées :

Études et direction pendant la construction.	14 000 francs.
Expropriation.	9 000
Terrassements et mise en état de la route ordinaire.	92 000
Ouvrages d'art.	96 000
Matériel fixe, rails, traverses, etc., télégraphe..	213 000
Matériel roulant..	251 000
Total	675 000
Soit par kilomètre.	56 000

On voit par l'importance du chiffre des dépenses pour terrassements et travaux d'art que

4

l'usage de l'accotement de la route pour l'emplacement de la chaussée du chemin de fer n'a produit aucun avantage au point de vue de l'économie des travaux pour construction de la chaussée.

Les terrains occupés sur la route et l'emplacement des stations de Turin et de Rivoli ont été donnés gratuitement aux concessionnaires ; et les villes de Turin et de Rivoli ont en outre donné chacune une subvention, l'une de 80 000 francs, l'autre de 40 000, soit une subvention totale de 120 000 francs ou 10 000 francs par kilomètre ; ce qui réduit le capital versé par les actionnaires à 555 000 francs, soit par kilomètre 46 000 francs.

Service d'exploitation.

Ce chemin a été ouvert à la circulation fin septembre 1871 ; voici quelles ont été les recettes et les dépenses d'exploitation depuis l'ouverture jusqu'au 31 juillet 1874 :

ANNÉES	RECETTES BRUTES		DÉPENSES D'EXPLOITATION		PRODUITS NETS	
	totales	kilométriques	totales	kilométriques	total	kilométriques
	fr. c.	fr. c.	fr. c.	fr. c.	fr. c.	fr. c.
1872	92 779 »	7 731 »	76 156 »	6 346 »	16 623 »	1 385 »
1873	110 975 »	9 248 »	70 715 »	5 896 »	40 264 »	3 352 »
1874	125 437 »	10 453 »	69 850 »	5 820 »	56 587 »	4 633 »

On voit par ces résultats que les frais d'exploitation n'ont point suivi la progression des recettes et qu'au bout de la troisième année les produits nets sont arrivés à donner 10 p. 100 du capital versé par les actionnaires, et près de 7 p. 100 du capital total dépensé. Toutefois, comme à partir du 10 août 1873 l'État a perçu 23 p. 100 du produit net, celui applicable au capital actions s'est trouvé réduit à 8 p. 100.

Quoi qu'il en soit, on voit que l'affaire est très-bonne pour tout le monde, quoique ce chemin soit privé, à cause de l'exiguïté de sa longueur, de l'élément important du trafic des marchandises.

§ 8. CHEMIN DE FER DE LA VALLÉE DU BROEL (PRÈS COLOGNE).

Largeur de la voie 0,80.

En 1863 une société en commandite obtint l'autorisation d'établir, à ses frais, un chemin de fer à traction par locomotive, avec voie de 0^m 80 de largeur, sur l'accotement d'un chemin vicinal longeant la vallée du Broël, pour effectuer le transport des minerais de fer et de la castine situés à 20 kilomètres de la station de Hennef, du chemin de fer, à voie large, de Cologne à Minden.

L'administration gouvernementale autorisa cette compagnie à occuper, sur l'accotement dudit chemin vicinal, une zone de 1ᵐ 40 de largeur sur 20 kilomètres de longueur ; plus tard, en 1869, le gouvernement prussien assura à cette Compagnie une subvention de 225 000 francs, pour que le chemin de fer fût prolongé, mais non plus en utilisant un accotement de route, de 10 kilomètres, jusqu'à Waldbroël, à la condition d'établir un service de voyageurs sur tout l'ensemble de la ligne.

Conditions d'établissement.

En partant de la station de Hennef, le chemin a une chaussée spéciale sur un parcours d'environ 1 kilomètre avant d'arriver au chemin vicinal, qu'il suit ensuite constamment en plan et en profil jusqu'à Ruppichterod sur une longueur de 19 kilomètres : dans cette première partie, il y a un petit embranchement de 2400 mètres de longueur, de la station de Schonberg au village de Sauerbach : au delà de Ruppichterod le chemin remonte une vallée secondaire, sur une chaussée construite spécialement pour lui, jusqu'à Waldbroël.

Le rayon minima des courbes de la première partie construite est de 40 mètres ; celui de la partie construite avec subvention est de 60 mètres.

La largeur de la route laissée pour la circulation publique, là où le chemin est placé sur l'accotement, est de 6ᵐ 30, la partie comprise entre les rails ne comptant pas comme chaussée sur laquelle puissent circuler les voitures ordinaires ; malgré cela, le rail situé du côté de la chaussée ne fait pas saillie.

La largeur de la plate-forme des terrassements pour la partie construite en dehors de la route est de 2ᵐ 80 entre le bord intérieur des fossés dans les parties en déblai, et la crête des talus dans les parties en remblai.

Dans la première partie, la déclivité maximum est de 0ᵐ 0125, dans la seconde elle est de 0ᵐ 020.

Voie.

Les rails de la section primitive pesaient 13 kilogrammes le mètre courant, ceux de la nouvelle section pèsent 17 kilogrammes. Leur forme est celle du rail à patin ; ils sont éclissés.

L'écartement entre les faces intérieures des rails est de 0ᵐ 80.

La voie est posée sur traverses espacées en moyenne de 0ᵐ 90 de milieu en milieu, leur longueur est de 1ᵐ 30 avec un équarrissage de 0ᵐ 13 sur 0ᵐ 15.

La hauteur du ballast sous les traverses est de 0ᵐ 08.

Matériel roulant.

Dans l'origine, la traction était faite par deux locomotives-tenders à quatre roues ne pesant pas plus de 7 tonnes; aujourd'hui les locomotives sont à six roues et pèsent 12 tonnes, soit 4 tonnes par essieu.

Les wagons à marchandise sont très-petits, ce sont des wagons plutôt disposés pour les transports des minerais, qui sont toujours restés l'élément principal du trafic, que pour ceux des marchandises ordinaires.

Les bâtiments pour le service des stations sont très-économiquement établis, point de logement d'employés, sinon une chambre pour le gardien.

Tarifs de transport.

Il n'y a que deux classes de voyageurs.

Les tarifs sont :

0,105 par kilomètre pour la première classe ;

0,072 par kilomètre pour la deuxième classe,

Plus un droit fixe de 0,105, quelle que soit la classe et la distance parcourue.

Un rabais de 20 pour 100 est fait sur les billets d'aller et retour dans la même journée.

Les enfants de 3 à 9 ans paient demi-place.

Chaque voyageur a droit au transport gratuit de petits colis à la main dont le poids n'excède pas 12 kil. 50 et dont le volume ne crée pas un embarras pour les autres voyageurs.

Les bagages et tout colis excédant ce poids sont transportés à 2 centimes par kilomètre par coupures de 12 kil. 50, le prix minimum de tout colis enregistré étant de 0 fr. 26.

Marchandises.

Il y a quatre classes de marchandises ; contrairement à l'ordre ordinairement adopté, la première classe correspond au tarif le moins élevé.

Ces tarifs sont :

1° Pour marchandises transportées par chargements complets de 5000 kilogrammes par tonne et par kilomètre :

1re classe (minerais, houille, castine), 0,0875 ;

2e classe (chaux, fers bruts, matériaux de construction), 0,10;

3e classe (céréales et tous produits agricoles), 0,1125,

Plus un droit fixe de 0,41 par tonne pour chargement et déchargement, applicable à ces trois classes ;

4ᵉ classe, marchandise de toute nature ne formant pas un chargement complet;

Pour tout chargement ne dépassant pas un quintal (50 kilogrammes) sans distinction de distance, 0,50.

Au-dessus de 1 quintal et jusqu'à 5 quintaux (250 kilogrammes) on ajoute, par coupure de 1 quintal et par kilomètre, 0,0125.

Au-dessus de 5 quintaux jusqu'à 100 quintaux on compte par coupure de 1 quintal et par kilomètre, 0,008,

plus un droit fixe de 0,50.

Ce dernier tarif correspond à 0,16 par tonne et par kilomètre, plus un droit fixe de 0,50, quelle que soit la distance parcourue.

Exploitation.

Le personnel du service d'exploitation est aussi simple et réduit que possible; le gérant de l'exploitation est le directeur-gérant de l'usine pour laquelle les minerais sont destinés.

Le service d'entretien courant et de surveillance de la voie est fait par les cantonniers de la route, service pour lequel la Compagnie paie une faible redevance à l'État, correspondant aux traitements de nouveaux cantonniers ajoutés pour l'entretien de la route en réduisant la longueur du canton de chacun ; les travaux spéciaux d'entretien tels que changements de rails, de traverses, sont faits par une équipe volante de 4 hommes.

Trois chefs de gare seulement, un à chaque extrémité et un à la station d'expédition de minerais.

Pour les stations intermédiaires, la prise en charge des marchandises, la distribution des billets et la recette sont faites par un habitant de la localité qui arrive à là gare une heure avant le passage des trains.

Un gardien homme d'équipe reçoit les marchandises.

La vitesse de marche en pleine ligne est de 15 à 20 kilomètres à l'heure, elle est réduite à 8 et 9 kilomètres pour la traversée des villages.

Il y a deux trains dans chaque sens par jour dans la belle saison, et un train seulement pendant les trois mauvais mois de l'année.

Dépenses de construction.

Les dépenses de construction de la première partie du chemin établie sur l'accotement de la route, avec rails pesant treize kilogrammes seulement le mètre courant, compris matériel roulant, voies de garages, se sont élevées pour 22 400 mètres à 558 000 francs, soit par kilomètre, 25 250 francs.

Celles de la seconde partie, de 10 kilomètres, établie en dehors de la route, avec rails pesant 17 kilogrammes le mètre, compris stations et voie d'évitement, mais sans autre matériel que 6 voitures à voyageurs achetées pour ce service, se sont élevées à la somme de 240 000 francs, soit par kilomètre 24 000 francs.

Résultats financiers.

D'après ce que j'ai déjà expliqué, ce chemin a eu deux phases bien distinctes d'exploitation : de 1864 à 1869, il n'a été qu'un chemin industriel faisant seulement le transport des minerais et de quelques marchandises, et depuis 1869, après son prolongement de 10 kilomètres jusqu'à Waldbroël, il est devenu chemin faisant un service public, transportant alors des voyageurs.

Durant la première période, ses recettes brutes annuelles s'élevèrent de 60 à 65 000 francs pour une longueur de 22 kilomètres et un tonnage de 28 à 35 000 tonnes par an dont 85 pour 100 à la descente, avec un seul train dans chaque sens par jour. Les produits nets, durant cette période, furent de 25 à 32 000 francs, soit 10 à 12 pour 100 du capital de premier établissement.

Depuis l'origine de la seconde période, le revenu net du capital de premier établissement est

tombé à 4 et 5 pour 100, le prolongement et l'ad-
dition du service des voyageurs n'ont donc pas
été favorables ; ce résultat s'explique facilement,
c'est que, d'une part, la population de Waldbroël,
jusqu'où s'est fait ce prolongement et qui n'est
distant que de neuf à dix kilomètres, par une
bonne route, de la ligne principale de Cologne à
Minden, n'a point grand avantage, comme temps
et argent, à se servir du petit chemin de fer d'intérêt local, pour aller rejoindre la grande ligne,
et que, d'autre part, le principal revenu de ce
chemin, le transport des minerais et de la castine,
étant resté constant, sans augmentation de parcours, tandis que les frais d'exploitation se sont
accrus considérablement par l'allongement de
50 pour 100 du parcours des trains et par l'augmentation de leur nombre par jour, qui a été
doublé à cause du service des voyageurs, il en
est résulté que les recettes ne se sont pas accrues
proportionnellement aux dépenses. L'affaire, de
très-bonne qu'elle était, est devenue très-médiocre
au point de vue financier, pour ne pas avoir tenu
compte de la mauvaise condition économique dans
laquelle se trouverait géographiquement placé le
prolongement.

C'est la démonstration pratique de ce que j'ai
déjà dit, à ce sujet, du chemin de fer de Lausanne
à Echallens, relativement à l'étendue de la zone

d'action directe locale des chemins de fer dans les contrées qu'ils traversent.

§ 9. PUISSANCE DE TRAFIC DES CHEMINS DE FER A VOIE ÉTROITE.

D'après ce qui précède, si ce petit chemin avait eu pour les voyages de retour seulement 50 pour 100 du trafic à la descente, au lieu de n'avoir qu'à remonter son matériel à vide, on voit qu'avec un seul train dans chaque sens par jour il pourrait effectuer un trafic annuel de 45 000 tonnes, malgré l'exiguïté de son matériel roulant, soit avec quatre trains par jour dans chaque sens et sans avoir de service de nuit un mouvement de 180 000 tonnes. D'où il résulte que l'instrument, tout faible qu'il est, peut fournir à des besoins quadruples de ceux qu'il est appelé à desservir.

§ 10. CHEMIN DE FER INDUSTRIEL DE COMMENTRY A MONTLUÇON.

Ce petit chemin de fer, exclusivement consacré au transport des houilles, n'est cité ici qu'au point de vue de la puissance de trafic de marchandises que l'on peut atteindre avec la voie étroite des rails et un matériel roulant léger.

Sa longueur est de 17 kilomètres dont 16 500 mètres sont exploités par des locomotives ; le reste du parcours s'effectue sur deux plans inclinés dont le service est fait par des machines fixes remorquant les trains à l'aide de câbles métalliques.

La largeur de la voie est de 1 mètre, les rails, aujourd'hui en acier, pèsent 16 kil. 300 le mètre courant.

Le rayon minimum des courbes est de 90 mètres.

La déclivité maximum, dans la partie exploitée avec des locomotives, est de 0,012 par mètre.

Le service de traction est fait par des locomotives-tenders à 6 roues couplées, pesant, avec leur provision d'eau et de charbon, 19 000 kilogrammes, soit 6600 kilogrammes par essieu ; elles remorquent 40 petits wagons vides sur une rampe de 0,012 avec une vitesse de 26 kilomètres à l'heure.

L'importance du trafic annuel est de 400 000 tonnes de houille et de coke, dans le sens de la descente. Les retours dans l'autre sens sont de 20 à 25 000 tonnes.

Ce chemin, concédé en 1840, a été exploité pendant dix ans avec des chevaux ; en 1854 seulement on a commencé à y employer la locomotive.

Si ce chemin était utilisé pour le transport des voyageurs, en supprimant, bien entendu, dans cette hypothèse, l'emploi des plans inclinés, il est incontestable que l'importance de son trafic de marchandises serait modifié, ou qu'il faudrait, au point de vue de la sécurité des voyageurs, établir un chemin de fer à deux voies. Réduisons ce tonnage de moitié et admettons que le maximum de trafic sur un chemin à voie étroite (1 mètre) et à une seule voie soit fixé, pour un seul sens, à 200 000 tonnes par an, c'est un chiffre correspondant à celui de 180 000 tonnes que pourrait produire le petit chemin de fer de la vallée de Broël, avec quatre trains par jour seulement.

D'après les tarifs ordinaires et la composition moyenne des recettes, un chemin de fer établi dans les conditions de voie étroite sus-indiquées pourrait donc produire une recette brute, par an et par kilomètre, de

Marchandises, 200 000 tonnes à 0,08. 16 000 fr.

Voyageurs, *sur les grandes lignes cette partie des recettes n'est que les deux tiers de celle des marchandises, sur les lignes à petit trafic c'est juste l'inverse, admettant, comme moyenne, qu'elles seront égales,* on a Voyageurs 16 000
____

Total. . . . . 32 000 fr.

On voit par là que les chemins de fer à voie

étroite ont une puissance de trafic de beaucoup supérieure à celle que réclament les chemins de fer d'intérêt local, et qu'il est regrettable qu'on ne les ait pas utilisés largement depuis long-temps.

Tous ces renseignements ont été puisés, soit dans les *Annales des ponts et chaussées*, soit dans les mémoires publiés par les sociétés des ingé-nieurs civils Anglais et Français, tous ces travaux émanant d'hommes compétents et d'ingénieurs at-tachés à la direction des différents chemins de fer que je viens de décrire ; ce sont donc des docu-ments aussi sérieux que ceux sur lesquels je me suis appuyé dans la question financière, qui sont corroborés en grande partie par le *rapport adressé à M. le ministre des travaux publics de Belgique, par M. l'inspecteur général des ponts et chaussées de Belgique, Ch. Dumon, le 6 novembre 1874, sur les chemins de fer économiques.*

§ 11. DU TRANSBORDEMENT.

Il convient d'examiner maintenant la question du transbordement des marchandises; ce qu'il est actuellement pour le service des embranchements à voie large, pouvant recevoir le matériel des grandes lignes; ce qu'il serait, relativement, pour les chemins à voie étroite, et les charges dont il grèverait le transport des marchandises ayant à passer des voies larges sur les voies étroites, et *vice versâ*, en attribuant à cette dernière toute la cause de cette manœuvre.

A l'origine, peu éloignée encore, des chemins de fer, lorsque les grandes lignes principales avaient peu ou pas d'embranchements, les marchandises étaient réparties le long de ces lignes, dans les gares les plus rapprochées de leur lieu de destination, où elles étaient reprises par le service du roulage, pour être distribuées par ce dernier dans toutes les directions, lequel apportait aux mêmes gares les produits locaux à exporter. Au fur et à mesure que les lignes secondaires, les embranchements, se sont multipliés, le roulage à grandes distances a disparu, les points de répartition des marchandises se sont accrus considérablement pour les chemins de fer, le service des marchandises s'est compliqué de plus en plus au fur et à mesure que de nouveaux embranchements étaient mis en exploitation ; il a fallu alors, à chaque gare de bifurcation un peu importante, faire le triage des wagons contenant des marchandises de provenance des diverses lignes principales en destination des embranchements, et *vice versâ*, pour former de nouveaux trains. Le travail de triage est tellement considérable aux bifurcations principales, qu'en Angleterre, on a créé des gares spéciales de triage, contenant autant de voies différentes qu'il y a de directions différentes partant de la bifurcation : ce travail effectué, on le complète autant que faire se peut, en transbordant d'un wagon dans un autre les marchandises en destination d'une même gare ou d'une même direction, afin d'utiliser le mieux possible le matériel wagons, ne pas l'immobiliser en quelque sorte en le faisant voyager presque à vide. Dans ces gares spéciales, le triage des wagons revient pour chaque wagon de 0^f,21 à 0^f,68, selon les dispositions plus ou moins avantageuses de la gare. En Allemagne, on estime que le prix de revient du triage est de 0^f,15 à 0^f,38 par wagon, selon le mode de disposition de la gare et les voies de triage.

Considérons une bifurcation principale en France, Tours, par exemple, où les deux grandes lignes de Paris à Bordeaux et Tours à Nantes se réunissent : des wagons arrivent de ces deux lignes, chargés de marchandises pour les directions de Tours au Mans, Tours à Vierzon, et Tours aux Sables-d'Olonne ; les marchandises qui ne voyagent pas par wagons complets pour un même point, se trouvent réparties par une tonne, par deux tonnes, par trois tonnes, dans des wagons différents pour un même embranchement : arrivés à la gare de bifurcation, après avoir fait le triage des wagons, on complète autant que possible le chargement de l'un d'eux avec les marchandises contenues dans les autres.

On appelle cela faire du complément de charge, soit, le mot ne change rien à la chose, puisqu'il a fallu transborder de 1, 2 ou 3 wagons de la marchandise dans un autre.

Il résulte de ces détails qu'au moins la moitié des marchandises ordinaires est transbordée pour le service des embranchements, malgré le maintien de la même largeur de voie.

Si l'on ne procédait pas ainsi, examinons ce qu'il en coûterait, et faisons la balance entre le transport sur l'embranchement de deux wagons seulement, expédiés sur l'embranchement pour le transport d'un poids de 6 tonnes qui aurait pu être placé dans un seul, et les frais de transbordement, ou complément de charge, si l'on veut, pour ne faire voyager qu'un seul wagon pour le chargement contenu dans les deux.

Dans le prix de revient du transport des marchandises par chemins de fer, il y a deux éléments bien distincts : 1° le transport du poids des wagons qui portent la marchandise, c'est ce qui constitue ce que l'on appelle le poids mort ; 2° le transport de la marchandise, c'est le poids utile : les deux poids réunis constituent ce que l'on désigne sous le nom de poids brut.

Or, le prix de revient du transport d'une tonne brute coûte, en moyenne, aux compagnies, sans

y comprendre l'intérêt et l'amortissement des capitaux dépensés pour la construction du chemin
de fer et du matériel roulant : $0^f,009$ par tonne
brute et par kilomètre (j'indique plus loin que le
prix de revient de transport à 1 kilomètre de la
tonne utile est de $0^f,031$), lorsque le matériel cir-
cule avec son chargement normal moyen, soit
moitié à 2/3 de la charge totale que peuvent porter
les wagons, sur des lignes dont les déclivités ne
dépassent pas 1 p. 100. Lorsque les wagons circulent à vide, ou très-peu chargés, la résistance de
traction par tonne brute est presque double de
celle de la tonne brute des wagons chargés, en
palier; cela ne paraît pas rationnel *à priori*, mais
c'est un fait que j'ai pu vérifier par moi-même en
1862 sur la ligne de Paris à Orléans, par des
expériences dynamométriques très-exactes faites
sous le contrôle d'une commission d'ingénieurs
désignés par le Ministre des travaux publics : ne
voulant pas être taxé de forcer les chiffres, je me
contenterai d'admettre, pour le cas de wagons
peu chargés, qui nous occupe, le prix de revient
de $0^f,01$ de transport kilométrique par tonne
brute.

Un wagon ordinaire à marchandises pèse, en
moyenne, 5 tonnes.

Si l'on n'a pas opéré de complément de charge,
et que deux wagons soient mis en mouvement
pour y transporter 6 tonnes, le prix de revient de

ce transport, pour la Compagnie, s'établira comme
suit :

Pour le poids d'un wagon, ou poids mort,
5 tonnes à 0^f,01.   0,05
Pour le poids d'une marchandise, poids
utile, 3 tonnes à 0^f,01.   0,03

Total.   0,08

Pour 2 wagons portant ensemble 6 tonnes de
marchandises, et par kilomètre.   0,016
Si on eût effectué le transbordement des 3 tonnes de l'un dans l'autre, il n'y aurait eu qu'un
seul wagon à mettre en circulation sur l'embranchement, les frais de transport de ce wagon et des
6 tonnes de marchandises eussent été par kilomètre :

Pour le wagon, 5 tonnes à 0^f,01.   0,05
Pour les marchandises, 5 tonnes à 0^f,01. .   0,06

Total.   0,11

D'où perte par kilomètre à parcourir sur l'embranchement, pour ne pas avoir effectué le complément de charge.   0,05

Dans les gares de Paris, un homme d'équipe du
service des marchandises charge en moyenne 16
à 17 tonnes de marchandises prises sur les quais

des magasins et transportées dans les wagons ; le transbordement des marchandises, pour deux wagons placés l'un à côté de l'autre, s'effectuera évidemment plus rapidement qu'un chargement ordinaire : M. Eugène Flachat estimait que le prix du transbordement des marchandises ordinaires pouvait être évalué à $0^f,20$ par tonne. En Suède, les frais de transbordement des marchandises des wagons de la voie large dans ceux de la voie étroite reviennent en moyenne à $0^f,21$ par tonne. A la jonction du chemin à voie étroite de Commentry à Montluçon, avec le chemin à grande voie de Moulins à Montluçon, le transbordement de la houille et du coke revient à $0^f,02$ par tonne. Ce qui se fait, et l'appréciation compétente que je cite, sont parfaitement d'accord.

Le transbordement de 3 tonnes de marchandises pour effectuer le complément de charge de l'un des deux wagons dont nous nous occupons aurait donc coûté, 3 tonnes à $0^f,20$, soit $0^f,60$, d'où il résulte que, jusqu'à un parcours exprimé par $\frac{0^f,60}{0^f,05} = 12$ kilomètres sur l'embranchement, la Compagnie n'aurait pas eu avantage à effectuer le transbordement. Pour le retour, ces 2 wagons trouveront-ils un chargement normal ? Je parle ici comme moyenne générale d'exploitation ; ce n'est pas probable, ce sera donc encore une dépense improductive de $0^f,05$ par kilomètre pour ramener un des deux wagons à vide à la ligne principale, et dans ce cas le parcours sur l'embranchement ne présentant pas d'avantage au transbordement, se réduirait à 6 kilomètres; mettons que cette limite s'arrête à 8 kilomètres.

Des embranchements de 8 kilomètres de longueur seulement n'ont leur raison d'être que dans des cas tout à fait spéciaux, tels qu'un grand centre de population, des mines, ou de grands établissements industriels donnant lieu à un tonnage important pour le transport, car pour ce qui est des circonstances ordinaires, cette distance de 8 kilomètres correspond, au minimum, à l'étendue de la zone de la contrée traversée comprise de chaque côté du chemin de fer, que l'on peut considérer comme directement desservie par lui, et dans la limite de laquelle le transport par charrette est aussi économique en allant directement à la ligne principale qu'en faisant usage de l'embranchement.

Les compagnies ont donc elles-mêmes un grand intérêt à ne pas faire courir leur matériel roulant presque à vide, car, ainsi que l'a fort bien dit à la tribune un ministre des travaux publics fort entendu en matière économique, c'est le poids mort qui tue les bénéfices des chemins de fer : elles font donc le transbordement, qu'elles appellent complément de charge, en moyenne de la moitié des marchandises destinées aux embranchements.

Par conséquent, la question du transbordement

ne saurait être mise entièrement à la charge des embranchements dont la largeur de voie ne serait pas la même que celle des lignes principales.

On objectera encore que, si cela est vrai pour les marchandises courantes qui ne se transportent pas par grandes masses, il n'en est pas de même pour la houille, la chaux, les pierres, les blés, les vins, qui circulent presque toujours par chargements complets, et qu'avec le maintien de l'uniformité de largeur de voie il n'y a pas lieu, dans ce cas, de faire des compléments de charge.

Cela est vrai, et il est encore bon d'examines cette question au point de vue argent.

Admettons que le tonnage de ces marchandises représente la moitié du trafic d'un embranchement faisant une recette brute kilométrique de 12 000 fr. par an (il n'y en a guère, que nous sachions, en tant que chemin d'intérêt local), cette recette correspond à un transport annuel de 80 000 tonnes de marchandises, soit donc 40 000 tonnes de houille ou de matériaux de construction.

Le prix de transbordement de ces marchandises ne craignant point la casse, s'effectuant de wagon à wagon accolés l'un à l'autre, à bras d'hommes pour celles en vraques, à l'aide d'une grue pour celles de gros poids indivisibles, ne coûterait pas plus de 0 fr. 10 (j'ai déjà indiqué le prix de 0 fr. 02, mais comme la gare est spécialement disposée pour cette manœuvre, c'est pourquoi je porte ici un prix cinq fois plus élevé) par tonne, soit, pour 40 000 tonnes, 5 000 francs par an représentant, à 6 p. 100 pour intérêt et amortissement, un capital de 83 000 francs; c'est au minimum la subvention qu'il faudrait donner par kilomètre d'embranchement à construire, à voie large et pouvant recevoir le matériel roulant des lignes principales, tandis qu'avec une recette de 12 000 francs par an et par kilomètre le chemin de fer à voie étroite ferait de très-belles affaires sans aucune subvention.

Admettant enfin que le transbordement soit à mettre totalement à la charge de l'embranchement à voie étroite, considérons ce qu'il en coûtera pour un trafic annuel de 80 000 tonnes : à 0 fr. 20 en moyenne par tonne, ce sera une dépense annuelle de 16 000 francs, quelle que soit la longueur de l'embranchement, laquelle dépense, capitalisée à 6 p. 100, correspond à un capital de 267 000 francs en chiffres ronds.

Cette somme correspond à la subvention qui serait payée pour un embranchement à voie large de 3 kilomètres de longueur seulement; au delà de cette distance tout le bénéfice résultant des économies de construction de la voie étroite reste acquis à celle-ci, sans parler des économies des frais d'exploitation, que les comptes de dépenses de cette nature, indiquées par les documents officiels publiés par le ministère des travaux publics, signalent comme ne pouvant être inférieurs à

7500 francs avec la voie large, tandis qu'avec la voie étroite ces frais peuvent descendre à 4500 fr. par kilomètre pour une recette brute de 6000 fr.; dans l'hypothèse de cette faible recette kilométrique, le tonnage annuel du trafic des marchandises ne dépasserait pas 40 000 tonnes, ce qui réduirait les dépenses annuelles pour transbordement à 8000 francs, et réduirait l'avantage de la voie large sur la voie étroite à une longueur de 1 kilomètre et demi.

En payant une fois pour toutes une subvention de 140 à 260 000 francs, suivant l'importance du trafic probable, on exonérerait les populations desservies par l'embranchement d'avoir à supporter les frais de transbordement, quoiqu'il me semble que ce serait pour elles un léger sacrifice que d'avoir à les supporter, en comparaison des avantages que leur procurerait le chemin de fer.

On peut encore représenter cette charge du transbordement par un équivalent de parcours; le prix moyen de transport d'une tonne de marchandise sur les grandes lignes étant de 0 fr. 062, sur les embranchements de 0 fr. 10, les frais de transbordement correspondraient à un allongement de parcours de 2 à 3 kilomètres.

Si l'on compare cette augmentation avec le parcours moyen d'une tonne de marchandises sur l'ensemble du réseau, qui est de 140 kilomètres, on arrive à une augmentation, pour les marchan dises ayant à circuler sur les deux largeurs de voies différentes, de moins de 2 p. 100.

Les tarifs qu'il faudrait imposer sur des chemins de fer d'intérêt local à faible trafic, pour pouvoir seulement payer les frais d'exploitation d'un chemin à voie large, grèveraient de bien plus de 5 p. 100, comparativement à ceux que l'on pourra admettre sur les chemins d'intérêt local à voie étroite, le prix du transport des marchandises, sans préjudice de subventions égales au montant total des dépenses de construction pour les embranchements à voie large et à rails lourds.

On objectera encore qu'en beaucoup de cas le chemin de fer d'intérêt local à voie large, touchant à de grandes lignes par ses deux extrémités ou dans son parcours, permettrait de grands raccourcis de parcours pour les marchandises, que ne permettrait pas le chemin à voie étroite ; ces raccourcis subsisteront toujours, diminués de 6 kilomètres seulement, représentant les frais de transbordement aux deux extrémités, si la compagnie du chemin d'intérêt local n'a pas reçu de subvention pour annuler ces frais. Par conséquent, l'objection n'est pas fondée.

Enfin, je citerai ici pour mémoire les caisses mobiles employées par les grandes fabriques de verreries, de poteries, etc., qui se chargent sur wagons plats et sur les camions de transport par voie de terre, qui ne donnent lieu à aucun remaniement des marchandises, et passent des camions sur les wagons, et *vice versâ*, très-rapidement et très-économiquement, à l'aide d'une grue.

§ 12. DISCUSSION SUR LES TARIFS DE TRANSPORTS.

On a pu remarquer que dans la description du petit chemin de fer de Lausanne à Echallens j'ai signalé que le tarif de transport des marchandises était beaucoup plus élevé que sur les chemins de fer ordinaires ; à ce sujet, j'ai appelé l'attention du lecteur sur les fortes déclivités de cette ligne, et expliqué que le gouvernement suisse avait adopté, et avec raison, des coefficients, pour fixer des tarifs en rapport avec le plus ou moins de déclivités qu'auraient les chemins à concéder.

Si la nécessité absolue de cette modification de tarifs ne s'est pas encore fait sentir en France d'une manière aussi manifeste qu'en Suisse, c'est d'abord en raison de ce que son sol est moins tourmenté ; ensuite parce que la majeure partie des lignes, traversant ses hautes montagnes du plateau central, abordant les Alpes et les Pyrénées, ont été englobées dans les concessions des grandes compagnies, dont l'étendue du réseau avec des déclivités ne dépassant pas 1 p. 100, par rapport au développement des sections à fortes pentes, leur a permis de maintenir un tarif qui est presque uniforme. Mais il est bien évident que, si la section de Brioude à la Levade, sur la ligne de Paris à Nîmes, par exemple, faisant partie du nouveau réseau de Paris-Lyon-Méditerranée, sur laquelle les déclivités atteignent 3 p. 100, et les frais d'exploitation 92 p. 100 des recettes, il est bien évident, dis-je, que si cette section appartenait à une compagnie n'ayant que la concession de cette partie du chemin de fer, il lui faudrait un tarif beaucoup plus élevé que le tarif ordinaire, pour tenir compte de ses frais d'exploitation, qui sont presque le double de ce qu'ils seraient sur un même parcours, avec des déclivités n'atteignant pas 1 p. 100.

Tel est le cas de beaucoup de chemins d'intérêt local, et par suite des petites compagnies ; il faut donc, dans ces conditions, que le tarif soit en rapport avec les difficultés d'exploitation de chaque cas particulier ; car, ces chemins d'intérêt local fussent-ils remis entre les mains des grandes compagnies afin de maintenir l'uniformité du tarif, le résultat n'aboutirait qu'à faire relever le tarif des grandes lignes, afin de compenser les déficits énormes d'exploitation que donnent et donneront toujours ces chemins, construits et exploités dans les conditions où ils le sont aujourd'hui. Les grands intérêts commerciaux seraient ainsi sacrifiés à de petits intérêts locaux.

Pour donner une idée précise de la diminution de la puissance de traction de la locomotive, et un exemple frappant de l'augmentation du prix de revient des transports sur chemins de fer, au fur et à mesure que les déclivités augmentent, voici quels sont les rapports, en moyenne, entre le poids de la locomotive et celui du poids brut qu'elle peut remorquer sur des rampes variant de 0,005 à 0,060 par mètre, c'est-à-dire de 1/200 à 1/13 :

Rampe de 0,005 par mètre, 20 fois son poids.

—	0,007	—	13	—
—	0,010	—	10	—
—	0,015	—	6	—
—	0,020	—	5	—
—	0,025	—	4	—
—	0,030	—	3	—
—	0,035	—	2,50	—
—	0,040	—	2	—
—	0,050	—	1,50	—
—	0,050	—	1	—

Ces renseignements prouvent suffisamment qu'au-dessus d'une déclivité de 2 pour 100 les avantages sérieux des transports par chemin de fer disparaissent rapidement, et que celle de 3 pour 100 doit être le maximum auquel il convient de s'arrêter, en tant que service d'exploitation normale.

Les déclivités maximum des grandes lignes principales ne dépassent pas 0^m,008, celles des lignes secondaires ont été généralement maintenues entre 0^m,10 à 0^m,12; quelques sections de ces lignes, en pays de montagne, ont des déclivités de 0^m,015 à 0^m,030, et les chemins de fer d'intérêt local ont fréquemment des déclivités de 0^m,015 à 0^m,016 sans être en pays de montagne, afin de diminuer les dépenses de construction.

J'ai cherché à me rendre compte du prix de revient moyen du transport d'une tonne utile sur des chemins qui ont des déclivités différentes pour en déduire les différents tarifs qu'il conviendrait d'appliquer à ces différentes limites de déclivité, pour avoir des prix remunérateurs dans tous les cas.

Il résulte des dépenses d'exploitation de l'ensemble du réseau tel qu'il existait en 1869 que le prix de revient d'une unité de trafic transportée à 1 kilomètre, en considérant un voyageur comme donnant lieu aux mêmes frais qu'une tonne de marchandise, revient à 0,0310, compris frais d'administration et d'entretien.

Les prix de transports moyens perçus par les compagnies dans la même année ont été les suivants :

	Grandes compagnies.	Petites compagnies.
Voyageurs . . . . centimes.	5,42	4,94
Marchandises à petite vitesse.	6,62	11,13
Houilles et coke	4,09	»

Le prix moyen du tarif des voyageurs des petites compagnies est plus réduit que celui des grandes compagnies, parce que chez les premières il n'y a pas de trains rapides et que pour de petits parcours il y a très-peu de voyageurs de premières classes.

Les prix de revient du parcours de 1 kilomètre de train, type de 350 tonnes, varient dans les proportions suivantes :

Lignes à déclivités ne dépassant pas 7 à 8 millimètres par mètre (prises comme type). Voyageurs et marchandises. . . . . 1 »

Lignes à déclivités maxima de 0,010 à 0,012. Voyageurs et marchandises. . . . 1,24

Lignes à déclivités de 0,020 à 0,025 :

Voyageurs 1,60

Marchandises 2,80

Ces rapports sont déduits des comptes rendus, très-complets et très-détaillés, de l'exploitation des chemins de fer Autrichiens et surtout de la section dite du Semmering, de 41 kilomètres de longueur, avec déclivités constantes de 19 à 25 millimètres par mètre, publiés par M. Degranges, ingénieur en chef du matériel des chemins Autrichiens, dans les Mémoires de la Société des ingénieurs civils de France.

Les tarifs kilométriques des chemins à déclivités prononcées, pour être proportionnellement aussi rémunérateurs que ceux des grandes lignes à faibles déclivités, devraient donc être égaux au produit des tarifs de ces derniers multipliés par les coefficients suivants :

Avec déclivité moyenne de 0,006 à 0,008 et 0,012 au maximum. 1,20

Avec déclivité moyenne de 0,010 à 0,012 et 0,015 au maximum. 1,50

Avec déclivité moyenne de 0,016 à 0,020 et 0,025 au maximum :

Voyageurs. 1,50

Marchandises 2,50

Avec déclivité moyenne de 0,020 à 0,025 et de 0,030 au maximum :

Voyageurs. 1,80

Marchandises . . . . 3 »»

Ces coefficients, qui sont l'expression vraie des prix de revient de transports sur chemins de fer à fortes déclivités, comparativement à ceux des lignes à faibles pentes, en disent plus que tous les arguments possibles pour indiquer la limite économique, à moins de cas exceptionnels, de l'application de la voie ferrée.

Les tarifs accordés à toutes les compagnies de chemins de fer jusqu'à ce jour, par le cahier des charges, sont les mêmes, sans distinction aucune de facilité ou de difficulté d'exploitation ; la composition des prix des tarifs est formée de deux éléments : le péage qui représente en quelque sorte le droit à prélever pour couvrir l'intérêt et l'amortissement des dépenses de construction, et le prix de transport; c'est sur ce dernier élément seulement que devraient agir les coefficients que je viens d'indiquer.

Voici ces prix tels qu'ils sont indiqués dans les cahiers des charges de France, par kilomètre, par tête pour les voyageurs, et par tonne de mille kilogrammes pour les marchandises :

		PRIX		
		de péage	de transport	Total
		fr. c.	fr. c.	fr. c.
Voyageurs	1re classe....	0 067	0 033	0 10
	2e classe....	0 050	0 025	0 075
	3e classe....	0 037	0 018	0 055
Marchandises et bagages à grande vitesse		0 30	0 20	0 50
Marchandises à petite vitesse.	1re classe....	0 09	0 07	0 16
	2e classe....	0 08	0 06	0 14
	3e classe....	0 06	1 04	0 10
	4e classe....	0 045	0 035	0 08

Le prix de la 4e classe est réduit à 0,05 et 0,04 pour les grands parcours, et ne serait guère applicable aux chemins d'intérêt local, vu leur peu de longueur.

Si on compare ces prix avec ceux perçus effectivement par les grandes compagnies, on voit qu'ils sont de beaucoup supérieurs à ces derniers.

L'abaissement du tarif perçu par les voyageurs n'est point effectif pour le public, il tient en grande partie aux réductions imposées par l'État aux compagnies pour les militaires et marins, et divers services publics ; mais pour les marchandises, cet abaissement est effectif pour le public, et on voit que les tarifs accordés sont de beaucoup supérieurs à ceux perçus. Ce qui explique pourquoi les grandes compagnies, dont les portions de lignes les plus productives sont à faibles déclivités, ont pu, jusqu'à ce jour, trouver dans les tarifs qu'elles ont droit de percevoir une marge suffisante pour compenser les frais d'augmentation d'exploitation des portions désavantageuses de leurs réseaux; mais on voit que le prix moyen perçu par les petites compagnies pour le transport des marchandises correspond sensiblement à la moyenne du tarif maximum qui leur est accordé.

J'ai fait ressortir précédemment que le prix moyen de transport à 1 kilomètre de l'unité de trafic, voyageurs et marchandises compris, revenait à 0,031 aux compagnies, sur les lignes à faibles déclivités.

En scindant les deux éléments de trafic, voyageurs et marchandises , qui sont entre elles comme 1,00 pour les voyageurs est à 1,60 marchandises, et en conservant le chiffre moyen de 0 fr. 025

par kilomètre, accordé par le cahier des charges pour le prix de transport de un voyageur, on en déduit le prix de revient moyen du transport de la tonne de marchandise, qui ressort à 0 fr. 0362; c'est donc ce prix qui, augmenté de 10 pour 100, soit 0,004, devra être pris pour base du prix moyen de transport des marchandises, et être multiplié par les différents coefficients que j'ai indiqués pour exprimer le prix de revient des transports en raison de la déclivité moyenne des chemins.

En faisant l'application de ces coefficients, on trouve que le prix moyen du transport de la tonne de marchandise à petite vitesse devrait être :

Pour les chemins à déclivité moyenne de 0,006 à 0,008 et 0,012 au maximun, de $0,04 \times 1,20$.   0,048

Pour ceux à déclivité moyenne de 0,10 à 0,012 et 0,015 au maximum, de 0,04 $\times 1,50$. 0,06

Pour ceux à déclivité moyenne de 0,012 à 0,016 et de 0,020 au maximum :

Voyageurs, $0,025 \times 1,25$ 0,030
Marchandises, $0,04 \times 2$ 0,08

Pour ceux à déclivité moyenne de 0,16 à 0,020 et 0,025 au maximum :

Voyageurs, $0,025 \times 1,50$ 0,0375

Marchandises, $0,04 \times 2,50$ 0,10

Pour ceux à déclivité moyenne de 0,020 à 0,025 et de 0,030 au maximum :

Voyageurs, $0,025 \times 1,80$ 0,045

Marchandises, $0,04 \times 3$ 0,12

D'après le prix de transport accordé par le cahier des charges, on trouve que le prix moyen accordé pour les quatre classes de marchandises à petite vitesse est de 0,051, d'où il résulte que, jusqu'à la rampe maximum de 0,012, ce prix est largement rémunérateur, puisque l'application du coefficient ne donne qu'un prix de 0,048.

De ces prix moyens de transport on déduirait facilement le prix applicable pour chaque classe de marchandise, en établissant entre ce prix moyen et celui de chaque classe de marchandise le même rapport que celui existant actuellement dans les prix établis pour les lignes à faibles déclivités par les cahiers de charges.

Ainsi, par exemple, pour le cas d'une déclivité moyenne de 0,012 à 0,016 et de 0,020 au maximum, ces prix seraient les suivants, le prix de péage restant évidemment le même pour tous les cas :

| | PRIX | | |
	de péage	de transport	Total
	fr. c.	fr. c.	fr. c.
Voyageurs..... 1re classe....	0 065	0 04	0 090
2e classe....	0 050	0 03	
3e classe....	0 038	0 022	0 060
Marchandises et bagages à grande vitesse...........	0 30	0 30	0 60
Marchandises à petite vitesse. 1re classe....	0 09	0 11	0 20
2e classe....	0 08	0 095	0 18
3e classe....	0 06	0 063	0 125
4e classe....	0 045	0 052	0 10

Ces prix, comme on peut le voir en les comparant avec ceux des taxes accordées actuellement, n'ont rien d'exorbitant, et présentent encore des avantages considérables : ils ne donnent pas une augmentation de plus de 10 pour 100 sur le tarif des voyageurs, et de 20 pour 100 pour les marchandises, et restent encore de beaucoup inférieurs aux transports par route.

Un principe admis généralement sur les chemins à petite voie dont nous avons cité les exemples, c'est la réduction du nombre des classes pour les voyageurs et les marchandises, et la réduction du tarif des voyageurs pour les billets aller et retour dans la même journée ; ces simplifications sont aussi avantageuses au public qu'aux compagnies, elles permettent de réduire le prix des places et les frais d'exploitation, tous y ont donc leur avantage ; ainsi, dans le cas présent, en établissant pour la première classe de voyageurs un prix moyen entre 0,105 et 0,08, soit 0,09, en maintenant le prix de la troisième qui deviendrait deuxième classe à 0,06, avec un rabais de 20 pour 100 pour les billets aller et retour dans la même journée, on arriverait à un prix moyen bien inférieur à celui des grandes lignes.

Enfin, pour les chemins dont je considère la déclivité comme un maximum, c'est-à-dire une déclivité moyenne de 0,020 à 0,025 et de 0,030 au maximum, on aurait les prix suivants :

		PRIX		
		de péage	de trans-port	Total
		fr. c.	fr. c.	fr. c.
Voyageurs.....	1re classe....	0 067	0 059	0 110
	2e classe....	0 050	0 054	0 110
	3e classe....	0 037	0 032	0 070
Marchandises et bagages à grande vitesse............		0 30	0 45	0 75
Marchandises à petite vitesse.	1re classe....	0 09	0 165	0 25
	2e classe....	0 08	0 140	0 22
	3e classe....	0 06	0 100	0 16
	4e classe....	0 045	0 085	0 13

Il est important de remarquer que les prix de transports portés ci-dessus pour les marchandises ne sont point établis en raison du prix moyen accordé par les cahiers des charges des lignes à faibles déclivités, qui est de 0 fr. 051, mais bien du prix moyen de revient, résultant de l'exploitation des grandes compagnies, qui est de 0,036, et que j'ai porté à 0,04 en ajoutant 10 pour 100 pour bénéfice, ce qui fait encore une réduction de 25 pour 100 sur le prix de 0,051 : ils ne sont donc que rémunérateurs et rien de plus.

En principe, on ne peut pas dire qu'il y aura de service à grande vitesse sur les chemins de fer d'intérêt local, et sur les lignes à faible trafic, où, pour avoir une exploitation économique, il faut faire le service des marchandises et des voyageurs par les mêmes trains ; la seule raison qui puisse, dans ce cas, faire la différence entre la petite et la grande vitesse, ne consisterait donc que dans le délai d'expédition.

Le cahier des charges actuel est beaucoup trop minutieux dans la série des détails d'expéditions des marchandises, et donne lieu à une série de réclamations d'une part et d'abus de l'autre, qu'il serait bon d'éviter en simplifiant la question autant que possible. Ainsi, je crois qu'il conviendrait d'adopter les bases suivantes pour les marchandises.

Si la distance parcourue est inférieure à cinq kilomètres, elle sera comptée pour cinq kilomètres. Les fractions de poids seront comptées par centièmes de tonnes ou de dix en dix kilogrammes pour les transports en grande vitesse, et par dixièmes de tonnes pour les transports en petite vitesse.

Le prix d'une expédition quelconque, soit en grande, soit en petite vitesse, ne devrait jamais être moindre de 0 fr. 40.

Les frais accessoires d'enregistrement, de manutention, de pesage et de magasinage, tant pour la grande que pour la petite vitesse, seraient les mêmes que ceux accordés aux grandes compagnies : les frais d'enregistrement sont de 0 fr. 10, ceux de manutention sont en général de 1 fr. 50 par tonne. Pour les marchandises expédiées par wagon complet, c'est-à-dire par plus de 4000 kilogrammes, ce prix est réduit à 1 fr.

Lorsqu'une marchandise passerait d'une compagnie à une autre, ces frais accessoires seraient partagés par moitié entre les deux compagnies, avec augmentation de 0 fr. 10 en sus de ce partage, pour celle des deux qui effectuerait les transbordements.

Dans les tarifs pour voyageurs, je n'ai indiqué que deux classes d'abord parce que la nécessité d'avoir trois classes, occasionne le transport d'un poids mort considérable qui est absolument incompatible avec une exploitation économique, et qu'il n'y a pas de raison pour qu'on oblige les chemins de fer d'intérêt local à avoir trois classes de voyageurs, tandis que pour tous les services de banlieue et des environs de Paris, les grandes compagnies sont autorisées à n'avoir que deux classes.

§ 13. CONSIDÉRATIONS SUR LA NÉCESSITÉ DES CONCESSIONS.

Accorder une concession, faire une déclaration d'utilité publique, entraîne toujours pour l'autotorité une certaine responsabilité morale en cas de succès ou d'insuccès de l'entreprise, car cette délégation des pouvoirs de l'État à un homme ou à une Compagnie lui donne la faculté de faire appel au concours financier de ses concitoyens, en s'appuyant sur l'étude et les considérations de l'administration gouvernementale, qui ont motivé la concession.

Dans ces conditions, le législateur doit donc, autant pour sauvegarder sa responsabilité morale que les intérêts généraux, se préoccuper des conditions économiques dans lesquelles se trouvera placé un chemin de fer dont on demande la concession, et si les contrées qu'il sera appelé à desservir pourront lui fournir, sinon immédiatement, au moins dans un temps peu éloigné, les moyens de subsister.

Des demandes de concessions et surtout de subventions pour chemins de fer d'intérêt local surgis-
sent de toutes parts. Si j'osais exprimer toute ma
pensée sur ces demandes, la conclusion serait
que la simple mesure d'adopter uniformément
pour ces chemins une largeur de voie réduite
calmerait beaucoup cette soif ardente de concession ; ramènerait la question sur le vrai terrain
des intérêts locaux, et aurait en outre le grand
avantage de faciliter le concours des capitaux des
localités demandant des voies ferrées qu'elles com-
prendraient alors être spécialement faites pour
elles. En cela faisant, l'administration supérieure
et le législateur Français s'inspireraient du sage
et prévoyant principe dont se sont inspirés la
haute administration et les législateurs Suédois et
Norvégiens, lorsqu'ils se sont décidés à adopter le
principe de la voie étroite pour leurs lignes secondaires. « Nos contrées », ont-ils dit en parlant des
lignes à voie étroite, « ne peuvent assurer de suite
la prospérité d'un grand chemin de fer. La voie
ferrée doit créer le trafic en vivifiant l'industrie et
le commerce du pays. Mieux vaut établir un chemin à voie étroite que de renoncer à toute voie
ferrée. Lorsque l'extension des recettes le conseil-
lera, on transformera la voie étroite en voie large
(Extrait du rapport au ministre de M. l'inspecteur
général Dumon).

Cette sage prévoyance, ce raisonnement sensé,

qui ont conduit à des résultats aussi avantageux pour les capitaux engagés que pour le développement du commerce et de l'industrie des contrées desservies, semblent en quelque sorte s'imposer à la France, en raison de la faiblesse générale des recettes des chemins de fer d'intérêt local ; et en raison aussi de l'énormité des charges dont est grevé le budget par suite d'une guerre désastreuse, des sacrifices faits et des engagements que l'État a pu contracter, dans des temps prospères, en vue de la construction des chemins de fer principaux et secondaires.

Si l'État persiste dans la voie où il vient d'entrer, de construire lui-même l'infrastructure et la superstructure des chemins de fer d'intérêt local, en maintenant le principe de la voie large et du lourd matériel des grandes lignes, il sera le principal agent de destruction de la valeur des onze milliards, et même davantage, qui auront été dépensés pour construire des chemins de fer établis, en beaucoup de cas, d'une manière trop magistrale. A l'heure actuelle, l'ensemble du réseau français exploité donne à peine 5 p. 100 ; au fur et à mesure qu'on le développera sur les bases dispendieuses de construction et d'exploitation suivies jusqu'à ce jour, ce rendement diminuera rapidement, ainsi que le prouve le résultat comparé des recettes moyennes de 1869 et 1874, et à la fin des concessions, au lieu d'entrer en possession d'une propriété productive, qui lui servirait à rembourser une grande partie de sa dette et à diminuer les impôts, ou à en consacrer le revenu au développement de travaux non moins utiles d'irrigation et de canaux, il entrera en possession d'une propriété improductive, ou il relèvera encore les tarifs sous forme d'impôts, pour retrouver, comme les Compagnies particulières d'Angleterre, de Belgique et des États-Unis, n'ayant aucune garantie de l'État, la rémunération du capital engagé. Il y a là évidemment une question d'intérêt général qui mérite une sérieuse considération, car il importe peu que l'augmentation des prix de transports ait lieu sous la forme d'impôt ou sous celle de relèvement des tarifs.

De la direction des chemins de fer d'intérêt local

A plusieurs reprises, j'ai déjà fait ressortir ce que je considérais comme la zone de territoire desservie directement par le chemin de fer, en tant que service d'intérêt local; c'est celle dans les limites de laquelle les transports par voie de terre peuvent s'effectuer par les charrettes de la ferme ou des usines dans la même journée, aller et retour compris. En prenant pour distance maximum de chaque côté de la voie ferrée 10 kilomètres je ne saurais être taxé d'exagération.

Dans cette limite, toute ferme, toute usine qui ne seront pas situées à moins de 2 kilomètres de distance d'un embranchement et à plus de 8 à 10 kilomètres d'une ligne principale, auront autant, sinon plus, d'avantage à aller directement à la ligne principale ; il en résulte que, dans cette zone, l'embranchement aura peu ou point de transport des marchandises à effectuer ; d'où il résulte que tout embranchement de moins de 20 à 25 kilomètres de longueur, et quelle que soit la faiblesse de ses dépenses de construction, à moins des cas exceptionnels déjà cités d'un grand centre de population, de mines ou d'usines donnant lieu, dans le parcours des 10 premiers kilomètres, à un grand mouvement de voyageurs et à un fort tonnage de marchandises ; il en résulte, dis-je, que ce chemin ne trouverait pas dans un faible parcours de 10 kilomètres les éléments de trafic capables de payer ses frais d'exploitation : que deux chemins d'intérêt local allant dans une même direction, placés à une distance moyenne de moins de 15 à 20 kilomètres l'un de l'autre, se feraient une concurrence préjudiciable à tous deux ; préjudice qui finirait par retomber sur les intérêts des localités desservies, par des relèvements de tarifs, dans le cas d'entente entre les compagnies, ou sur ceux de l'État ou du département qui, s'ils ne voulaient pas voir abandonner l'exploitation de l'un des deux, seraient obligés de les soutenir tous les deux.

§ 14. DE L'UTILISATION DE L'ACCOTEMENT DES ROUTES POUR LES CHEMINS D'INTÉRÊT LOCAL.

On a présenté l'emploi de l'accotement des routes comme une solution très-économique pour les chemins de fer d'intérêt local : à première vue l'idée séduit, mais cette séduction disparaît promptement lorsqu'on l'examine de près. Si on cherche dans les trois exemples que j'ai cités, les chemins de Lauzanne à Echallens, de Rivoli à Turin et de la vallée du Brothaël, on voit que dans le premier le chemin a dû abandonner l'accotement de la route sur 1/5 de son parcours, que sa vitesse est limitée à 15 kilomètres à l'heure, qu'à tout instant, aux croisières des chemins, à la rencontre des voitures il faut ralentir cette vitesse à 9 kilomètres, qu'il faut avoir en permanence la cloche d'avertissement en branle. Au point de vue de la célérité, ce n'est plus un service de chemin de fer, c'est un service de diligence.

Sur le chemin de Rivoli à Turin, la route étant très-large, on a planté une haie élevée et touffue pour séparer la voie ferrée de la chaussée de la route afin de ne pas effrayer les chevaux : l'accotement de la voie ferrée et d'une route est donc un danger permanent d'accidents, car ce qui effraie surtout les chevaux, ce sont, la vitesse, le bruit sourd du train et la trépidation du sol lors de son passage.

Quant à l'économie des dépenses de construction, il y en a fort peu, on peut même dire pas du tout. Si l'on veut avoir un profil en long, en harmonie avec des conditions économiques d'exploitation, il faudra à chaque instant rectifier celui de la route qui suit presque toujours les ondulations du terrain, ou qui tout en suivant l'ensemble d'une vallée monte ou descend souvent sur les contre-forts qui la bordent, et dont les rayons de courbures, en maintes circonstances, sont trop faibles pour un chemin de fer. Dans ces rectifications de profils, pour maintenir la chaussée et les rails au même niveau, on a à faire des terrassements non plus sur une largeur de $3^m,40$ seulement, largeur nécessaire à la plate-forme du chemin, mais sur 9 mètres de largeur au moins, dimensions minimum pour une route et une voie ferrée de 1 mètre de largeur de voie accotées l'une à l'autre. Si on ne rectifie pas le profil de la route pour le rendre conforme à celui du chemin de fer, il faut alors acheter le terrain le long de la route pour l'emplacement du chemin de fer. Si on ne rectifie pas du tout le profil de la route, on a alors un profil très-accidenté avec des pentes et contre-pentes fréquentes de 2 à 3 pour 100, au minimum, qui rendent l'exploitation du chemin de fer, non-seulement très-onéreuse, mais encore font disparaître une grande partie de ses avantages ; de plus, les changements brusques de déclivités sont au moins aussi dangereux, au point de vue du déraillement, que les changements brusques de direction.

En outre, toutes les fois qu'un tramway ou un chemin de fer est placé sur l'accotement d'une chaussée, l'administration supérieure met à la charge du chemin de fer l'entretien d'une zone de 3 mètres de largeur au moins. Ajoutant à cela la détérioration des rails, les tassements inégaux produits sur la voie par la circulation des charrettes, il en résulte pour l'entretien de la voie, et l'usure des rails et des traverses, une dépense beaucoup plus considérable que si le chemin avait sa chaussée spéciale sans contact possible des voitures et des charrettes.

En somme, les dangers permanents résultant du voisinage de la chaussée et de la voie ferrée, la réduction obligée de la vitesse des trains, les rectifications indispensables du profil et des rayons de courbure des routes, pour avoir une exploitation offrant sécurité d'abord, et économie ensuite, des frais d'entretien de la voie, bien plus élevés dans le cas des deux voies accotées l'une à l'autre, toutes ces considérations doivent faire rejeter, sauf des cas très-exceptionnels, la solution de l'utilisation des accotements des routes pour les chemins de fer, même d'intérêt local.

Les partisans de l'utilisation de l'accotement font valoir cette disposition comme moins gênante pour l'exploitation des propriétés riveraines des chemins de fer, en ce qu'elle ne demande pas la clôture du chemin sur toute sa longueur. Cette mesure devrait être aussi adoptée en principe. Il conviendrait aussi de simplifier la construction et la surveillance des passages à niveau; ces modifications apporteraient une grande réduction dans les indemnités à payer pour l'acquisition des terrains, et permettraient aussi de diminuer, relativement, de beaucoup, les superficies de terrains à acquérir pour les chemins latéraux que l'on est obligé d'établir fréquemment, pour maintenir l'accès des parcelles de terre, lorsque le chemin de fer est totalement clôturé.

En résumé, il est aussi économique, au point de vue des dépenses de construction, d'établir une chaussée spéciale, que de chercher à utiliser les accotements des routes; les frais d'exploitation seront beaucoup moindres dans le premier cas que dans le second, et le service se fera avec beaucoup plus de célérité et de sécurité.

§ 15. DE L'ÉVALUATION DES RECETTES D'UN CHEMIN DE FER D'INTÉRÊT LOCAL.

La première considération sur l'opportunité de la construction d'un chemin de fer d'intérêt local doit être de savoir si la contrée qu'il sera appelé à desservir contient les éléments nécessaires pour en faire, par l'exploitation, une entreprise, sinon fructueuse, au moins capable de se soutenir par elle-même et n'avoir pas ainsi à imposer une charge perpétuelle au département ou à l'État, même en sus des subventions qui seraient accordées.

L'évaluation des recettes d'un chemin de fer d'intérêt local a pour base l'importance de la population, de l'exportation des produits agricoles, et de l'importation des denrées et marchandises diverses, nécessaires aux besoins de la population comprise dans la zone d'action directe de la voie ferrée.

J'ai déjà indiqué quelle était l'étendue de cette zone de chaque côté du chemin de fer : 6 à 8 kilomètres, soit une largeur totale moyenne de 15 kilomètres.

Le trafic dû aux grandes usines, aux mines, est d'une évaluation plus facile, et ne saurait échapper à de simples renseignements, qui s'obtiendront toujours facilement, pour connaître l'importance du tonnage, auquel le trafic industriel donnerait lieu. Il y a un simple compte à faire à part, lequel s'ajoute au premier.

Le mouvement des voyageurs est toujours en rapport avec le chiffre de la population. Ce rapport peut varier d'un pays à un autre, avec l'aisance, les habitudes, la nature des travaux auxquels les populations s'adonnent; mais ce rapport reste à peu près constant, d'une année à l'autre dans le même pays.

Il en est de même du transport des marchandises; car la production et la consommation sont toujours en raison directe du chiffre de la population. La quantité de produits à transporter varie évidemment aussi, en raison de la richesse du sol, et de la nature des cultures, mais elle est, en quelque sorte, constante pour des contrées dont le degré de richesse et les produits sont similaires.

Des travaux statistiques très-détaillés sur le mouvement local des voyageurs et des marchandises, de contrées desservies par les chemins de fer, depuis plusieurs années, ont été faits par M. J. Michel, ingénieur des ponts et chaussées. Ces statistiques, pour les stations intermédiaires des lignes principales, donnent des résultats un peu élevés, quant aux chemins d'intérêt local, mais elles n'en demeurent pas moins des documents précieux, qui conduisent, en général, à des appréciations très-proches de la vérité. Elles se maintiennent dans les limites suivantes, pour les diverses parties de la France.

On peut estimer que le rapport entre la population des contrées desservies et le nombre annuel des voyageurs est de :

Pour le nord.	9	à 6
Pour l'est	10	à 5
Pour l'ouest	9,50	à 3,60
Pour le centre-est	8	à 6
Pour le centre-ouest.	6	à 3,60
Pour le sud-est	7	à 5
Pour le sud-ouest.	7	à 4,50
Centre et pays de montagnes.	4,50	à 3,00

Le tonnage moyen par habitant est de 2 t. 10; il est de 3 t. 50 en moyenne pour les contrées industrielles et les pays essentiellement vignobles, de 1 t. 50 pour les contrées à céréales, et descend à un peu moins de une tonne pour les pays pauvres.

Toutes ces données exigent, pour arriver à une évaluation des recettes, des calculs encore assez long, et je donne ci-après un moyen beaucoup plus simple et très-pratique d'évaluer le rendement kilométrique annuel local, toujours en exceptant le tonnage des grandes usines, ou des mines.

Ce rendement est évalué par kilomètre et par habitant :

Pour les pays riches et industriels, comme le Nord. . . . . à fr. 0,90
Pour les pays de richesse moyenne et viticoles, non industriels. . . . . à fr. 0,70
Pour les pays pauvres. . . . . . fr. 0,50 à fr. 0,40

Ces coefficients de rendement multipliés par le chiffre total de la population desservie, et ce produit multiplié ensuite par la distance, moyenne (en terme technique, du centre de gravité) de l'ensemble de la population desservie, au point de raccordement de l'embranchement avec la ville ou une autre voie ferrée, on obtiendra la recette brute annuelle et kilométrique.

Si le chemin d'intérêt local aboutissait par ses deux extrémités à une ligne d'intérêt général et à des centres de population un peu importants, la distance moyenne serait égale à la moitié de la longueur de l'embranchement. Au chiffre total de la population située sur le parcours, il conviendrait d'ajouter la demi-somme de la population des localités extrêmes, pour tenir compte du mouvement qui s'établirait entre ces deux centres de population. Si l'un d'eux dépassait sept à huit mille habitants il ne faudrait pas appliquer la règle ci-dessus à toute sa population, car on arriverait à une appréciation beaucoup trop forte.

§ 16. TRACÉ, CONSTRUCTION, EXPLOITATION.

Je n'entrerai point ici dans de grands détails sur le tracé et la construction des chemins de fer d'intérêt local ; ce serait affaire de cahier des charges. Je me bornerai à indiquer d'après ce qui a été fait ailleurs le type que l'expérience a indiqué, comme répondant le mieux à l'économie des dépenses et à l'installation d'un matériel roulant offrant toute sécurité en même temps qu'une assez grande puissance de trafic.

1º La largeur de la voie entre les bords intérieurs des rails devrait être de un mètre (1^m,00).

2º La largeur du ballast mesurée au niveau supérieur des rails serait de deux mètres (2^m,00), son épaisseur mesurée à partir du niveau supérieur des rails serait de trente-cinq centimètres (0^m,35).

3º La largeur de la plate-forme de la chaussée serait de trois mètres quarante centimètres (3^m,40) entre les bords intérieurs des fossés, dans les parties en déblai ; les crêtes des talus dans les parties en remblai.

Les fossés auraient toujours au moins soixante centimètres (0^m,60) de largeur, mesurée au niveau de la plate-forme, de sorte que la largeur minimum des tranchées serait toujours d'au moins quatre mètres soixante centimètres (4ᵐ,60).

4° Les souterrains auraient au moins trois mètres soixante centimètres de largeur (3ᵐ,60) et quatre mètres vingt-cinq centimètres (4ᵐ,25) de hauteur sous clef, au-dessus du niveau des rails.

5° Le rayon minimum des courbes serait de soixante-dix mètres (70ᵐ,00) : mais toutes les fois que le rayon des courbes serait inférieur à cent cinquante mètres (150ᵐ,00) ces courbes devraient être raccordées avec les alignements droits, par des arcs de cercle ou paraboliques dont le rayon de courbure, au point de tangence, serait au moins de deux cents mètres (200ᵐ,00). Une partie droite de trente mètres (30ᵐ,00) serait toujours ménagée entre deux courbes consécutives dirigées en sens contraire.

6° Le maximum des déclivités serait approprié aux nécessités de la contrée. Les changements de déclivités dans le même sens ne pourraient se faire que par parties successives, variant au maximum de dix millimètres (0ᵐ,010) par mètre, ayant au moins trente mètres de longueur chacune. Lorsque deux déclivités en sens inverse varieraient, l'une par rapport à l'autre, de plus de cinq millimètres (0ᵐ,005) par mètre, elles seraient toujours séparées par une partie horizontale d'au moins cinquante mètres (50ᵐ,00).

7° Le poids minimum des rails serait de dix-huit

kilogrammes (18^k) par mètre courant pour des rails en fer, et de seize kilogrammes (16^k) pour des rails en acier.

8° Les traverses auraient un mètre soixante-dix centimètres (1^m,70) de longueur et un équarrissage de dix-huit centimètres sur douze centimètres (0^m,18/0^m,12) : leur maximum d'écartement, de milieu à milieu, dans la pose de la voie, serait de quatre-vingt-dix centimètres (0^m,90).

9° Dans les parties à deux voies, l'entre-voie aurait au moins un mètre quatre-vingts centimètres (1^m,80) de largeur.

10° Les passages à niveau seraient munis de barrières et seraient gardés pour la traversée des routes nationales, départementales et de grande communication ; pour tous les autres chemins, ils seraient seulement munis d'un tableau indiquant, en caractères très-voyants, l'heure du passage des trains. En cas de service de nuit tous les passages sur chemins publics seraient éclairés.

En dehors des routes indiquées ci-dessus, les passages à niveau pourraient être établis avec des contre-rails en bois durs.

Pour la traversée des routes sus-indiquées, les contre rails de passages à niveau seraient en fer.

11° Le chemin de fer ne serait clôturé qu'aux abords des centres de population et des stations.

§ 17. EXPLOITATION.

1° Les voitures à voyageurs seraient établies avec le confort en usage des voitures des lignes principales, pour les classes correspondantes.

Il y aurait deux classes.

Celles de premières classes seraient installées comme les voitures les plus confortables de seconde classe des grandes lignes.

Celles de deuxième classe comme les voitures de troisième classe des grandes lignes.

2° La Compagnie ne serait point tenue d'avoir des wagons spéciaux ni d'effectuer le transport des chevaux ou bestiaux, lorsque la longueur de la concession ne dépasserait pas vingt-cinq kilomètres.

3° La vitesse des trains en pleine marche ne devrait pas dépasser quarante kilomètres à l'heure, celle des trains de voyageurs, arrêts compris, ne serait pas inférieure à vingt kilomètres à l'heure. Dans le cas où le chemin de fer emprunterait une rue ou une route pour son passage dans une ville ou un centre de population, la vitesse du train dans ces passages serait réduite à cent mètres (100^m,00) par minute.

4° Aux abords des centres de population, des passages à niveau, dans les parties en courbes prononcées, une forte cloche mise en mouvement avertirait de l'arrivée du train ; il ne serait fait usage du sifflet à vapeur que pour le service des signaux, les manœuvres de gares et des freins, et de temps en temps pendant la marche par les temps de brouillards.

Tarifs.

5° Les tarifs à accorder pour les voyageurs et les marchandises seraient établis en raison de la déclivité moyenne et maxima du chemin concédé, en prenant pour base les tarifs accordés aux lignes principales, multipliés par les coefficients correspondants à ces déclivités, indiqués ci-après :

INDICATION DES DÉCLIVITÉS	COEFFICIENTS		OBSERVATIONS
	Voyageurs	Marchandises grande et petite vitesse	
Moyenne de 0,006 à 0,008 et maximum de 0,012	1, »	1, »	Ces coefficients diffèrent de ceux indiqués dans la discussion sur les tarifs, parce qu'ils s'appliquent au tarif total du cahier des charges actuel, tandis que les premiers ne s'appliquent qu'aux prix partiels pour transport.
Moyenne de 0,008 à 0,012 et maximum de 0,015	1,10	1,20	
Moyenne de 0,012 à 0,015 et maximum de 0,020	1,20	1,25	
Moyenne de 0,016 à 0,020 et maximum de 0,025	1,30	1,40	Ces derniers, tout en donnant sensiblement les mêmes résultats, sont d'une application plus simple.
Moyenne de 0,020 à 0,025 et maximum de 0,035	1,50	1,75	

6° Les frais accessoires et de manutention seraient les mêmes que ceux accordés aux grandes Compagnies.

7° Les wagons à voyageurs n'étant que de deux classes, le prix de la première classe serait celui déduit de la moyenne des prix des première et seconde classes des lignes principales; et le prix de la seconde, celui déduit du prix de la troisième des lignes principales.

Il est bien entendu que même les chemins d'intérêt local devraient être munis d'appareils électriques indispensables pour les besoins et assurer la sécurité du service.

Telles sont, en substance et sans entrer dans de plus grands détails, que je juge inutiles pour le but que je me suis proposé, les conditions qui pourraient servir de bases à l'établissement des chemins de fer d'intérêt local et qui, adoptées d'une manière uniforme, arriveraient à constituer un réseau tertiaire qui donnerait satisfaction aux intérêts locaux, intérêts que l'excès des dépenses de construction et d'exploitation des chemins de fer à voie large empêcherait de satisfaire, sans compromettre gravement les intérêts généraux.

§ 18. CONCLUSION.

La situation obérée de notre budget, les engagements contractés, les besoins urgents de satisfaire
à l'amélioration des voies navigables, sont une
série d'obstacles qui s'imposent, à nos administrateurs et aux législateurs. Ils ne peuvent persister
dans un système de dépenses prématurées, que les
ressources du Trésor et les charges du pays ne
leur permettent pas de faire. La nécessité les en-
gage donc à adopter un moyen moins grandiose,
mais plus que suffisant encore, pour répondre à
des besoins sérieux, en appliquant aux chemins de
fer d'intérêt local le mode économique qu'un peuple
non moins avancé que nous en science et en industrie s'est mis à appliquer sur une grande
échelle.

Les Suédois, les Norvégiens et les Américains
du Nord sont devenus économes en matière de chemins de fer, par raison et par nécessité. Les Anglais, négociants habiles avant tout, pour lesquels la leçon de ce qui est arrivé dans la
mère-patrie n'a pas été perdue, le sont devenus
par calcul ; car ils cherchent toujours à faire
produire à un capital tout ce qui est possible ;
ils n'hésitent jamais à abandonner un principe

économique que le temps où les nouvelles découvertes ont pu modifier ; ils savent mieux que per-
sonne que la puissance d'un outil doit être largement établie en prévision du travail à produire.
Ils savent aussi qu'en tombant dans l'excès de
puissance on est amené à l'excès de dépense et
qu'on arrive finalement aux pertes et aux mé-
comptes. Voudra-t-on le comprendre en France ?
J'ai consciencieusement cherché à éclairer la question, et je serais heureux, si mes efforts pouvaient
contribuer à la faire résoudre au mieux de tous
les intérêts.

FIN.

APPENDICE.

Lorsque j'ai fait ce travail, je ne connaissais que les « Observations au sujet des chemins de « fer d'intérêt général et d'intérêt local », publiées en 1875 par M. l'ingénieur en chef des ponts et chaussées, député de la Seine, J.-B. Krantz. Au moment de mettre sous presse, j'ai eu communication d'une nouvelle publication du même auteur : « Observations sur les chemins « de fer économiques à voie normale et à voie « étroite. » Bien que j'aie déjà répondu, dans le cours de mon travail, aux principales objections faites aux chemins à voie étroite, et reproduites par M. Krantz avec le talent et l'autorité qui s'attachent à son nom, je crois devoir ajouter quelques explications sommaires un peu techniques, comme un hommage rendu à la haute considération que j'ai pour l'homme et pour l'ingénieur de mérite, qui est trop au-dessus des idées mes-

quines pour trouver mal que je ne sois pas tout
à fait de son avis. C'est donc aux différents chapitres indiqués de cette seconde partie des publi-
cations de M. Krantz, sur les chemins de fer, que
correspondent les observations qui suivent :

Considérations générales sur les diverses largeurs de la voie.

Je tiens, avant tout, à constater un point essen-
tiel : c'est que, en ce qui concerne la largeur de
voie de 1 mètre ou voie étroite, je ne la soutiens
qu'au point de vue des chemins de fer d'intérêt
local, mais je suis convaincu qu'il reste très-peu
à faire en chemins à voie normale, aux points de
vue d'intérêt général et stratégique. Ce sont seulement des chemins d'intérêt local sur lesquels
les conseils généraux sont autorisés à prendre
une décision, par ce motif, je crois qu'il conviendrait qu'une loi en fixât la largeur à 1 mètre,
de même qu'une loi fixait la largeur des routes
départementales et vicinales à une largeur beaucoup moindre que les routes nationales.

1° Parce qu'une largeur de voie de 1 mètre est
beaucoup plus que suffisante pour desservir les
intérêts locaux, ainsi que je l'ai démontré.

2° Pour éviter le gaspillage des fonds du Trésor public ou la ruine des actionnaires, comme
cela est déjà arrivé; et quoique l'on dise qu'il

vaut mieux que les capitaux français se perdent en créant en France des travaux d'utilité publique, plutôt que d'aller se perdre en Turquie ou dans le Honduras, ou au Pérou, pour celui qui perd son argent, la fiche de consolation n'a pas grand mérite, son avoir est toujours perdu.

3° Donner moyen aux localités desservies, aux départements, de trouver chez eux les capitaux nécessaires à ces entreprises, afin que, s'il y a perte sur le revenu du chemin de fer d'intérêt local, elle ne soit, autant que possible, sensible que pour ceux qui en retireront des avantages directs, compensant, dans ce cas, une grande partie du préjudice causé par la perte des capitaux dépensés pour le chemin de fer.

En fait, il n'y a pas d'hésitation possible avec l'expérience acquise aujourd'hui, sur la largeur minima de la voie d'un chemin de fer devant faire un service public, et présenter toutes les conditions de stabilité et de bon marché relatif que comporte ce mode de transport et de circulation.

M. Krantz relate un type extrême, le chemin de Festiniog, qui n'a que $0^m,60$ de largeur de voie, et dont je me suis, avec intention, abstenu de parler, car, comme lui, je trouve que cela peut être une curieuse miniature, mais nullement un modèle à imiter, quoique ce chemin, tout réduit qu'il est, suffise à une recette brute annuelle et kilométrique de 27 000 francs. M. Fairlie lui-même, grand promoteur des chemins à voie étroite, reconnaît l'exiguïté de ce chemin, et pose en principe qu'il n'y a aucun avantage sérieux à descendre au-dessous de $0^m,91$ de largeur de voie (c'est l'unité de mesure anglaise le yard; c'est là l'objet de sa préférence sur le mètre). Les Anglais, dans leur grande colonie de l'Inde, ont néanmoins adopté la voie de 1 mètre de largeur pour leurs chemins à voie réduite.

De la flexibilité relative des voies ferrées.

En ce qui concerne la flexibilité relative des voies ferrées, M. Krantz lui-même reconnaît que la voie étroite se prête mieux, avec le matériel actuel, à l'emploi des petits rayons à peu près dans le même rapport que la largeur des voies.

Pour les voies larges, voici ce qu'est cette flexibilité mesurée au dynamomètre, d'après un rapport adressé au ministre des travaux publics, en 1862, par une commission d'ingénieurs de l'État, chargée de faire des expériences à ce sujet :

En 1861-1862, il fut construit à Vitry, près de Paris, un chemin de fer en forme de 8, formé par deux circonférences de 80 mètres de rayon, raccordées entre elles par de petits alignements droits. Ce chemin était destiné à expérimenter un nouveau système de matériel roulant, ayant pour but de passer facilement et sûrement dans les courbes de petit rayon, même avec la voie normale.

Des expériences dynamométriques, comparatives entre ce matériel et le matériel ordinaire, furent faites tant en ligne droite, sur la grande ligne de Paris à Orléans, qu'en courbe à petits rayons sur le chemin d'expérience, les deux matériels circulant alternativement vides et chargés, à des vitesses de 25 à 30 kilomètres; il y avait dix wagons à chaque train.

Les résultats constatés par la commission furent les suivants :

| | RÉSISTANCE PAR TONNE BRUTE | |
	en courbe de 80 mètres de rayon	en ligne droite
	kilog^e.	kilog^e.
Wagons du nou-) vides....	7,38	5,26
veau système..) chargés .	5,25	3,27
Wagons ordinai-) vides....	13,02	7 20
res...........) chargés .	11,63	3,50

Indépendamment de l'énorme résistance de traction des wagons ordinaires, lors de leur circulation dans ces courbes, on voyait, après l'expérience avec ces wagons, tout autour des courbes, du côté intérieur du rail extérieur des circonférences, de la limaille résultant du cisaillement des boudins des roues sur celui des rails.

Avec les dix wagons de ce nouveau système, il avait été également construit une locomotive à huit roues accouplées, qui circulait dans ces courbes avec la même facilité que les wagons. L'ingénieur en chef du matériel de la Compagnie d'Orléans, M. Forquenot, autorisé par sa Compagnie, voulant prouver à la commission que l'on n'avait pas besoin de perfectionnement à l'ancien matériel pour passer dans des courbes même de si petits rayons, avait fait disposer une locomotive à six roues accouplées, en donnant une grande facilité de déplacement latéral aux deux essieux extrêmes, et en mettant des tourillons sphériques aux bielles d'accouplement. La commission fut convoquée pour voir également fonctionner cette locomotive sur ce chemin à petits rayons.

Tout paraissait aller assez couramment, lorsque l'inventeur, contre l'invention duquel se faisait évidemment cet essai, s'avisa de regarder de près les rails, et fit remarquer aux membres de la commission que les rails du chemin d'expérience étaient enduits, dans les courbes, d'une couche de graisse noirâtre qui ne se distinguait pas à première vue : on visita la voie, c'était partout la même chose ; en outre, il fut constaté que les coussinets des bielles n'étaient point serrés, comme cela est indispensable dans la pratique : la locomotive rendait, en marchant, un son de ferraillement inusité. Le procédé de M. l'ingénieur en chef du matériel de la Compagnie d'Orléans fut trouvé un peu trop Américain. Il avait tout simplement fait graisser les rails du chemin d'essai, de grand matin et bien avant l'arrivée de la commission, afin qu'elle ne fût pas témoin des difficultés qu'il avait éprouvées, quelques jours auparavant, en essayant de faire passer sa machine dans ces courbes, sans employer aucun subterfuge. Cette commission était composée de trois inspecteurs généraux des ponts et chaussées et de deux ingénieurs des mines.

Les tentatives faites ultérieurement par la Compagnie des chemins de fer du Nord et autres, pour la solution du passage des locomotives dans les courbes à petits rayons, ne sont pas plus précises que celles que je viens de citer.

Voilà, en réalité, ce qu'est la flexibilité du matériel actuel des chemins de fer au point de vue du passage dans les courbes. Les résultats dynamométriques cités plus haut sont autrement précis que les dires de M. Varroy, cités par M. Krantz, car ils donnent la mesure relative de ce que coûterait l'exploitation des chemins à voie normale avec le matériel actuel et des rayons inférieurs à 200 mètres.

Tout le monde sait, qu'au fur et à mesure que la largeur de la voie diminue, même avec le type du matériel employé actuellement, le passage dans les courbes s'effectue avec moins de résistance; la voie réduite s'impose donc pour réduire les rayons, et avec eux les dépenses de construction et d'exploitation.

Note B sur le chemin de fer de Mondalazac.

D'après ce que je dis dans mon travail sur le transbordement, et dans mes considérations économiques sur l'opportunité et la longueur des embranchements, je suis heureux d'être parfaitement d'accord avec M. Krantz sur l'erreur d'économie industrielle commise dans la construction de ce petit embranchement à voie étroite. Cet embranchement, uniquement destiné à transporter les minerais de fer de Mondalazac aux forges d'Aubin, situées sur la ligne à voie normale de Capdenac à Rodez, n'a que 7 kilomètres de longueur; il arrive à la station de Salles-la-Source, d'où les minerais ont 35 kilomètres à parcourir sur la grande ligne pour arriver à l'usine d'Aubin : les petits wagons allant à la mine auraient très-bien pu aller directement jusqu'à la forge

par des trains spéciaux; et c'était le cas, eu égard
à la faible longueur de l'embranchement, de
maintenir l'uniformité de largeur de voie pour
éviter le transbordement : en outre, les accidents
de terrain ne motivaient pas de très-petits rayons;
l'exemple cité et mes observations antérieures
prouvent que je suis resté dans les conditions
vraies qui doivent présider à la détermination des
conditions d'établissement d'un embranchement,
mais il ne prouve rien contre les chemins à voie
étroite pour les services d'intérêt local, et je suis
tout à fait en désaccord avec M. Krantz sur son
appréciation au sujet du peu de différence qu'il
établit entre le prix de revient de construction
d'un chemin de fer à voie normale avec rayon
minima de 300 mètres, et du même chemin avec
rayon minima de 120 mètres. A cet effet, M. Edmond Roy, ancien ingénieur de la Compagnie du
chemin de fer du Grand-Central, ne saurait citer
un exemple plus frappant que de rappeler au
bienveillant souvenir de M. Krantz, ancien ingénieur en chef de l'entreprise générale chargée de
l'exécution des travaux de cette Compagnie entre
le Lot et Montauban, l'évaluation comparative,
faite par M. Edmond Roy, des dépenses faites
pour sa subdivision, la traversée du département
de l'Aveyron, avec le rayon minima d'exécution,
300 mètres, et ce qu'elle eussent été avec un rayon
minima de 120 mètres.

Avec le rayon minima de 300 mètres, cette partie de 65 kilomètres de longueur a coûté, le kilomètre. . . . .   397,000 fr.

Avec un rayon minima de 120 mè-
tres, le kilomètre eût coûté.   234,000

Économie kilométrique. . . . . . .   163,000 fr.

Ces évaluations furent faites avec tous les
documents précis que possède l'ingénieur chargé
de faire exécuter des travaux situés dans sa cir-
conscription. Cette énorme différence tient un peu
à la configuration tourmentée du pays que parcourt
cette ligne, mais M. Krantz est un ingénieur trop
distingué, ayant surtout une trop grande pratique
de la construction des chemins de fer, pour tenir
beaucoup à se limiter à l'exemple de l'erreur économique commise à l'embranchement de Mondalazac et aux appréciations évidemment erronées
de M. Varroy.

Du poids des rails.

Employer des rails aussi lourds sur un chemin
à voie étroite que sur une voie large est un non-
sens, il n'y a qu'un fort trafic qui puisse motiver
leur emploi, ainsi, à l'origine des grandes lignes,
en France, les rails employés pesaient de 23 à
26 kilogrammes par mètre courant, la charge

supportée par les essieux de locomotives ne dépassait pas 8 à 9 tonnes, les wagons à marchandises ne portaient que 5 à 6 tonnes, le trafic s'est accru, les rails, les locomotives, les wagons, tous objets sujets à l'usure, ont été remplacés au fur et à mesure et augmentés de poids, de puissance et de capacités, en raison du développement du trafic; aujourd'hui il faut des rails de 37 à 38 kilogrammes, parce que les locomotives puissantes chargent chaque essieu de 13 à 14 tonnes, il convient donc pour les chemins d'intérêt local de procéder de même Employer des rails lourds pour économiser sur la dépense des traverses est irrationnel, parce qu'en les éloignant beaucoup plus qu'on ne le fait dans la pratique actuelle $(0^m,85$ à $0^m,95)$, il faudrait qu'elles fussent plus fortes et par suite plus cher : et en même temps on diminuerait beaucoup la surface d'appui des rails sur le sol; on aurait une voie bien plus sujette à se déformer et à avoir des tassements fréquents nécessitant un entretien plus minutieux et plus coûteux.

Le tableau de M. Varroy ne prouve donc absolument rien à ce sujet.

Les essieux mêmes des locomotives d'un chemin à voie étroite ne doivent pas être char és de plus de 5 1/2 à 6 tonnes, ce qui ferait travailler les rails du poids de 18 à 20 kilogrammes le mètre courant, avec un écartement de traverses de $0^m,85$ à

0^m,90 à 7 kilogrammes par millimètre carré, au maximum, comme le conseil avec raison M. Krantz.

Pour ne pas surmener la voie, la charge par essieu des wagons ne devrait pas dépasser 4 à 4 1/2 tonnes. Dans ces conditions, avec une locomotive à 4 essieux accouplés, on pourra exercer un effort de traction de 4 000 kilogrammes, permettant de monter des rampes de 3 pour 100 avec un convoi pesant 115 tonnes brutes, soit 10 wagons à marchandises pesant, chargés au complet, 8 tonnes l'un.

Poids mort et poids utile.

En employant des rails légers avec la voie large, le matériel des grandes lignes n'y circulera pas sans danger de rupture des rails, et d'autre part, si on fait un matériel léger, relativement pour ces lignes, il ne pourra pas non plus être envoyé sur les grandes lignes et mélangé avec les lourds et forts wagons de ces lignes, sans danger de rupture, soit des châssis, soit des attelages qui seraient trop faibles pour résister aux efforts de choc et de traction des grands trains de 45 et 50 wagons, donc il faudrait aussi bien effectuer le transbordement dans ce cas qu'avec la voie étroite; ou bien on est forcément entraîné, pour l'éviter, à l'emploi des rails et du matériel lourd sur les embranchements à voie normale.

On ne saurait contester qu'avec la voie étroite il sera plus facile de réduire le rapport du poids mort au poids utile transporté, parce que la différence de longueur des essieux, une moins grande largeur des châssis, des roues d'un moindre diamètre pour une même capacité de caisse, amèneront une grande réduction de matière et de poids dans la construction du matériel roulant du chemin à voie réduite, comparée à ce qu'elle serait pour un même effet utile avec la voie normale.

Transbordement.

J'ai suffisamment répondu déjà à cette objection et cette discussion vient de me faire développer un argument important, dans le cas où l'on voudrait adopter des rails et un matériel légers pour réduire la dépense de construction des chemins d'intérêt local à voie large; c'est qu'il faudrait faire le transbordement tout comme avec la voie étroite.

Séparation des gares.

Que le chemin soit à voie normale ou à voie réduite, la question de mauvais vouloir des grandes compagnies reste la même; mais il y a cent à parier contre un que les grandes compagnies, voyant dans le chemin à voie réduite un auxiliaire et non pas un concurrent, comme ont eu jusqu'à ce jour la prétention de le devenir les chemins d'intérêt local, se prêteront beaucoup mieux à un arrangement équitable et avantageux pour tout le monde, pour les laisser arriver dans leurs gares.

Des voies étroites au point de vue stratégique et administratif.

Pourquoi donc les chemins à voie étroite, ayant tous une largeur de voie uniforme et pouvant, avec le temps et le développement des besoins de communication, arriver à se communiquer les uns les autres, ne pourraient-ils pas transporter des troupes et des engins de guerre et aider puissamment au désencombrement des grandes lignes, et par des directions secondaires aider à concentrer un plus grand nombre d'hommes au même moment sur un même point? Est-ce que l'état-major, lorsqu'il a à suivre la voie de terre, ne s'inquiète pas de la nature et de l'importance des différentes routes pour répartir sur chacune d'elles les contingents à y faire voyager, en raison de l'importance de ces routes, éviter ainsi les encombrements et opérer des concentrations rapides?

Avec la théorie de la nécessité absolue, au point de vue stratégique, de maintenir toujours et quand même la largeur de voie de 1^m,44, il faudrait transformer toutes les routes départementales et chemins vicinaux en routes nationales, parce que les premières ne permettent pas de faire circuler un corps d'armée tout entier.

Si déjà notre réseau à voie large n'était pas en quelque sorte complet à ce point de vue, si les promoteurs des chemins à voie réduite songeaient à les prôner pour constituer de grandes artères de circulation, et à dire qu'il faut d'une manière absolue abandonner l'idée de compléter, s'il y a lieu, les lignes stratégiques de première importance, on comprendrait les terreurs qui assiégent les adversaires de la voie étroite. Mais aujourd'hui ces terreurs ne sont pas fondées, attendu que tous les départements sont reliés aux lignes principales par des lignes secondaires à voie normale.

En fait de chemins stratégiques, le plus important à achever est une bonne organisation militaire, relever le sentiment du patriotisme et du devoir envers la patrie, en grande partie détruits par les miévreries sentimentales de braves gens dont les utopies humanitaires détruisent chaque jour davantage la virilité dans toutes les classes de notre société. Avec les chemins de fer que nous avons déjà, et de l'énergie surtout, nous n'avons rien à craindre des ennemis qui, depuis peu de temps après Jules César jusqu'à nos jours, n'ont cessé de faire des incursions dans la Gaule.

C'est un si bon pays! disent ces messieurs.

Examen des divers éléments de la dépense de construction.

Les frais d'études, dans les deux cas, voie normale ou voie réduite, sont évidemment les mêmes.

La différence entre les zones de terrain à acquérir est de bien plus de $0^m,50$ de largeur, attendu que la largeur minima de la plate-forme de la voie normale ne peut pas descendre au-dessous de 5 mètres, ainsi que cela s'est fait aux chemins de l'Hérault, tandis qu'avec la voie de 1 mètre cette largeur est plus que suffisante à $3^m,50$. En outre, les courbes d'un petit rayon, permettant de mieux suivre les contours du terrain, feront diminuer considérablement le cube des terrassements, et par suite l'emplacement occupé par l'empatement des talus de déblai et de remblai.

Prix comparé des chemins à voie réduite et à voie normale.

La discussion des dépenses pour construction de l'infrastructure ne peut rentrer dans le cadre de ce travail, les résultats obtenus parlent mieux, du reste, et sont bien plus précis que des discussions que chacun peut rétorquer à son point de vue; et quand M. Krantz a écrit à ce sujet : « On con-

« struit ainsi, par la pensée, un instrument de
« transport fort médiocre dont on chiffre le coût
« au plus bas. C'est par kilomètre, 70 000 francs,
« 60 000 francs, voire 50 000 francs, suivant la
« bonne volonté, » ce doute, émis par un homme
aussi compétent, est grave et capable d'ébranler
le meilleur bon vouloir en faveur des chemins à
voie réduite; et il est évident que, lorsqu'il a été
émis, son auteur n'avait point encore connais-
sance du rapport adressé au ministre des travaux de Belgique par M. Dumon, inspecteur général des ponts et chaussées de Belgique, chargé
d'une mission par son gouvernement pour étudier
la question des chemins de fer à voie étroite. Ce
document officiel, dans le domaine public, aujourd'hui. et sur lequel je me suis appuyé dans
mes indications de prix de revient de construction
et d'exploitation de plusieurs chemins, émanant
d'un homme revêtu de tout le caractère scienti-
fique et d'honorabilité dont sont, à juste titre,
entourées les sommités de nos ingénieurs des
ponts et chaussées, ne permet pas de supposer
que cet inspecteur général des ponts et chaussées
Belges ait construit par la pensée des chemins
établis et en exploitation depuis plusieurs années,
avant sa mission, et mis de la bonne volonté à
donner des prix de revient qui ne fussent pas con-
formes à la vérité, en indiquant des prix de
70 000 francs, 60 000 francs, voire même moindres

de 50,000 francs par kilomètre, tout en signalant les importants services qu'ils rendent et les bons résultats financiers de leur exploitation.

Les hypothèses et les formules de M. Varroy, ainsi que le cas exceptionnel du petit embranchement de Mandalazac, ne peuvent rien contre des faits sérieux et précis constatés par un document aussi digne de foi que celui émanant de M. Dumon, et il ne saurait être établi de comparaison entre deux types distincts de chemins de fer, mais uniformes comme largeur de voie pour chacun d'eux, et vingt types différents de dimensions d'écluses et de tirant d'eau, que l'on rencontre sur nos canaux.

A ce sujet, qu'il me soit permis une petite digression. L'origine de nos canaux remonte principalement au temps de Louis XIV ; aux époques éloignées où ils furent construits, ils ont rendu alors, et pendant de longues années ensuite, tous les services en harmonie avec les besoins et l'état du commerce de ces époques ; si on eût voulu les établir d'une façon aussi magistrale que les besoins actuels le réclament, d'abord la situation des revenus de l'État n'eût pas permis de le faire, ensuite on aurait immobilisé là inutilement un capital considérable « qui eût entravé l'exécution » d'autres travaux. On eût établi un instrument dont à peine le quart de la puissance eût été utilisé, et l'excès de dépenses pour établir cette puissance inutile représenterait aujourd'hui, avec ses intérêts cumulés, un capital décuple de celui qu'il est nécessaire de dépenser aujourd'hui pour les améliorer. Les hommes se renouvellent, la science marche toujours; on trouvera peut-être, avant un siècle, que tout en ayant beaucoup fait, nous avons été trop exclusifs, que notre engouement pour les chemins de fer a porté un préjudice considérable à d'autres travaux, dont les résultats moins rapidement saisissables sont peut-être plus urgents; car en leur sacrifiant tout ou presque tout, nous laissons déboiser, dégazonner nos montagnes sans y porter remède, détruire la régularité de nos cours d'eau, décroître et périr nos sources, raviner et dénuder des contrées déjà pauvres qui deviendront tout à fait arides, et dont la nudité, rendant alors leur reboisement impossible pour nos descendants, pourra bien plus nous faire taxer d'imprévoyants qu'en leur laissant le soin de modifier des voies de communication qu'ils pourront ne pas trouver à leur convenance, car ce travail est œuvre essentiellement humaine, tandis que l'autre, pour arriver à sa fin, a besoin de l'aide du temps et de l'action de la nature : l'homme tout seul n'y peut rien.

Le bel héritage qu'on est en train de laisser à l'avenir! Des chemins de fer grandioses avec des rivières transformées en torrents capricieux et inconstants comme la pluie et le vent.

Depuis que j'ai eu l'âge d'homme, je me suis constamment occupé de chemins de fer; mais je n'en ai pas moins toujours considéré la voie d'eau comme le moyen essentiellement économique du transport des grandes masses. Ces voies de transport ont été, depuis trente ans, beaucoup trop sacrifiées aux chemins de fer, et loin de vouloir qu'on abandonne aujourd'hui ces derniers, je cherche au contraire à préconiser le moyen de permettre aux chemins de fer d'intérêt local de s'étendre, sans sacrifices inutiles, sur toute la surface du territoire, au lieu de les restreindre, par suite de dépenses de construction et d'exploitation qui détruiraient leur effet bienfaisant, seraient préjudiciables à leur extension et à l'exécution d'autres travaux, non moins urgents, et de prévoyance pour l'avenir.

Je me suis cru obligé de répondre sommairement aux objections émises contre les chemins de fer d'intérêt local à voie réduite, par un ingénieur jouissant d'une considération méritée par son savoir et sa longue expérience : si j'ai, en cela faisant, commis une témérité, c'est avec la conviction sincère de la bonté de la cause que je viens de défendre, et parce que cette divergence d'opinion avec M. Krantz n'exclut pas l'hommage que je rends à son mérite.

TABLEAU A

Tableau comparatif des produits des différentes lignes des grandes Compagnies pendant l'année 1869 classées par ordre d'importance

DÉSIGNATION DE LIGNES et des compagnies	KILOMÈTRES de lignes exploitées			RÉSULTATS de l'exploitation par kilomètre				PRIX moyen des constructions par kilomètre	INTÉRÊT pour cent
	Prin-cipales	Secon-daires	Ter-tiaires	Recettes	Dépenses	Produits nets	Rapport des dépenses aux recettes		
	kl.	kil.	kil.	fr.	fr.	fr.		fr.	
NORD									
Paris à Lille................ 393k									
Creil à Erquelinnes........ 197	718	»	»	100 000	40 000	60 000	0.40	540 000	11.52
Amiens à Boulogne........ 128									
Houillères du Pas-de-Calais.... 188									
Creil à Beauvais.......... 37	»	196	»	25 500	16 000	9 500	0.62	270 000	3.52
Amiens à Tergnier........ 71									
Chantilly à Senlis.........	»	»	11	7 850	11 543	— 3 695	1.47	253 000	— 1.46
EST									
Paris à Strasbourg et Forbach........	632	»	»	78 700	35 200	43 500	0.45	451 000	9.65
Strasbourg à Bâle, Mulhouse, Thann, Wesserling................ 165									
Metz à Thionville.......... 46									
Noisy-le-Sec à Mulhouse........ 481	»	1286	»	36 900	20 300	16 600	0.55	490 000	3.40

	km									
Nancy à Gray	176									
Ardennes	418									
Lunéville à Saint-Dié	53									
Dieuze à Avricourt	22									
Wasselonne à Strasbourg	49									
Gretz à Coulommiers	33	»	»	190	12 400	10 700	1 700	0.83	253 500	0.67
Longueville à Provins	7									
Troyes à Bar-sur-Seine	29									
Haguenau à Niederbronn	20									
Sainte-Marie à Schlestadt	21	»	»	84	6 400	7 800	— 1 400	1.22	167 500	— 0.83
Châtillon à Chaumont	43									
OUEST										
Paris au Havre et à Dieppe		271	»	»	91 200	40 100	51 100	0.44	797 400	6.40
Paris à Brest	607									
Mantes à Cherbourg	331	»	1033	»	24 600	18 300	6 300	0.74	428 400	1.47
Le Mans à Angers	95									
Beuzeville à Fécamp	20									
Rennes à Saint-Malo	81	»	»	182	12 800	9 100	3 700	0.71	355 400	1.04
Pont-l'Évêque à Trouville	11									
Rennes à Redon	70									
Laigle à Conches	40	»	»	47	7 300	9 200	— 1 900	1.26	252 000	— 0.75
Louviers à la ligne de Rouen	7									
ORLÉANS										
Paris à Bordeaux	587									
Tours à Nantes et Saint-Nazaire	260	847	»	»	73 200	24 500	48 700	0.33	471 000	10.27
Orléans à Limoges et Agen	619									
Poitiers à La Rochelle	158	»	871	»	31 000	13 600	17 400	0.44	340 000	5.12
Tours au Mans	94									
A reporter		2468	3386	454						

Tableau A (suite)

DÉSIGNATION DE LIGNES et des compagnies	KILOMÈTRES de lignes exploitées			RÉSULTATS de l'exploitation par kilomètre				PRIX moyen des constructions par kilomètre	INTÉRÊT pour cent
	Principales	Secondaires	Tertiaires	Recettes	Dépenses	Produits nets	Rapport des dépenses aux recettes		
	kil.	kil.	kil.	fr.	fr.	fr.		fr.	
Report.	2468	3386	454						
ORLÉANS (*suite*)									
PAYS ACCIDENTÉS.									
Neversac à Capdenac, Rodez et Montauban.......... 258									
Limoges à Montluçon............. 225	»	754	»	14 800	9 800	5 000	0.66	530 000	0.94
Arsant au Lot................ 171									
Poitiers à Limoges........... 111									
Nantes à Laroche-sur-Yon.......... 75									
Angers à Niort................ 164	»	»	650	9 600	8 100	1 500	0.84	278 000	0.54
Savenay à Landerneau.............. 300									
Auray à Pontivy.................	»	»	51	2 640	7 500	— 4 800	2.65	235 000	— 2.04
PARIS A LYON ET A LA MÉDITERRANÉE									
Paris à Marseille.............	872	»	»	148 500	47 200	101 300	0.32	750 000	13.50
Roanne à Saint-Étienne, Lyon.........	142	»	»	82 200	37 000	45 200	0.45	1 800 000	2.51

Lignes									
Tarascon à Cette ... 173	173	»	»	76 100	27 200	48 900	0 36	512 000	9.55
Marseille à Menton ... 248	»	1319	»	31 500	21 700	9 800	0.69	523 000	1.87
Paris à Roanne, par Nevers ... 465									
Mâcon et Lyon à Genève ... 235									
Dijon à Belfort ... 371									
Aix-les-Bains à Annecy ... 39	»	»	173	10 500	7 500	3 000	0.71	387 000	0.77
Nuits à Châtillon ... 35									
Gray à Fraissans ... 44									
Saint-Étienne à Montbrison ... 25									
Livron à Privas ... 32									
Les Arcs à Draguignan ... 13	»	»	29	7 000	8 600	— 1 600	1.23	327 000	— 0.50
Sorgues à Carpentras ... 16									
MIDI									
Bordeaux à Cette et à Bayonne avec embranchement sur Mont-de-Marson et Perpignan ... 798	798	»	»	44 400	15 900	28 500	0.36	436 000	6.53
Mont-de-Marsan à Tarbes et Agen ... 228	»	547	»	12 600	7 800	4 800	0 62	289 000	1.66
Toulouse à Tarbes et Bayonne ... 319									
Agde à Lodève ... 57									
Saint-Simon à Foy ... 70	»	»	201	10 300	8 000	2 300	0.78	330 000	0.70
Castelnaudary à Castres et à Mazamet ... 76									
Langon à Bazas ... 20	»	»	50	5 160	7 730	— 2 620	1.50	198 500	— 1.32
Perpignan à Port-Vendres ... 30									
	4153	6006	1906						

En consultant le relevé du tarif moyen perçu par kilomètre : 1° sur les voyageurs ; 2° sur les marchandises à petite vitesse, y compris houille et coke, on trouve que ces tarifs sont :

Pour les six grandes compagnies .... { Voyageurs .... 0 0544 / Marchandises 0 0611

Pour diverses petites compagnies .... { Voyageurs .... 0 0494 / Marchandises 0 1113

TABLEAU B. — Extrait des documents fournis par les grandes Compagnies et publiés par le Ministre des Travaux publics pour l'année 1874.

DÉSIGNATION des lignes et des compagnies	NOMBRE de kilomètres exploités	RÉSULTATS kilométriques d'exploitation			
		Recettes	Dépenses	Déficits nets	Rapport pour cent des dépenses aux recettes
	kil.	fr.	fr.	fr.	
NORD					
Chantilly à Crépy-en-Valois.	34	7 380	8 730	1 350	118.3
Beauvais à Gournay.	28	7 500	9 210	1 710	122.9
EST					
Longueville à Provins.	7	13 010	23 740	10 730	182 4
Flamboin à Montereau.	28	6 130	12 210	6 080	199.1
Épinal à Remiremont	24	13 930	15 000	1 070	107.7
Châtillon-sur-Seine à Chaumont.	43	6 270	11 400	5 130	181.7
Bar-sur-Seine à Châtillon	32	12 330	12 410	80	100.7
Chaumont à Pagny.	95	11 360	13 270	1 910	116 8
OUEST					
Rennes à Redon. . . .	70	15 460	16 190	730	104.7
Laigle à Conches . .	40	6 790	7 690	900	113.2
Saint-Pierre à Louviers.	7	13 660	15 890	2 230	116.3
Saint-Brieuc à Pontivy	72	3 940	6 900	2 960	175.»
Paris à Dieppe par Pontoise	140	15 460	16 470	1 010	106.5
ORLÉANS					
Libos à Cahors. . . .	51	5 370	7 540	2 170	140.3
Aubigné à La Flèche	34	3 620	6 240	2 620	172.1
Embranchement de Romorantin	7	4 750	7 570	2 820	159.4

TABLEAU **B** (*suite*).

DÉSIGNATION des lignes et des compagnies	NOMBRE de kilomètres exploités	RÉSULTATS kilométriques d'exploitation			
		Recettes	Dépenses	Déficits nets	Rapport pour cent des dépenses aux recettes
	kil.	fr.	fr.	fr.	
PARIS-LYON-MÉDITERRANÉE					
Saint-Rambert à Annonay	19	9 600	13 000	3 400	136.»
Livron à Crest.....	17	3 900	9 100	5 200	233.»
Sorgues à Carpentras	17	7 200	11 000	3 800	152.»
Lunel à Aigues-Mortes	13	5 900	9 400	3 500	158
Les Arcs à Draguignan..........	13	5 900	13 900	8 000	235.»
Cannes à Grasse...	17	6 500	16 400	9 900	254
Villeneuve - Saint - Georges à Montargis..........	110	13 100	15 500	2 400	119
Saint-Germain - des - Fossés-à-Vichy...	9	13 700	21 900	8 200	160
Santenay à Étang par Autun	59	7 300	9 000	1 700	123
Aix-les-Bains à Annecy..........	39	7 400	8 000	600	108
Robiac à Gagnières.	3	2 300	6 000	3 700	257
Nîmes à Cailar.....	19	7 700	23 300	15 600	302
Avignon à Miramon par Salan	69	10 700	13 100	2 400	122
Gray à Fraisans....	44	4 000	7 500	3 500	187
Clermont à Montbrison	62	7 500	9 200	1 700	124
Dijon à Langres ...	50	4 000	11 000	7 000	273
Auxerre à Clamecy.	53	7 900	9 100	1 200	115
Cravant à Avallon .	36	6 100	7 100	1 000	115
Cavaillon à Gap...	125	7 700	8 100	400	105
Lunel au Vigan....	73	8 200	11 500	3 300	141
MIDI					
Bayonne a Irun....	38	9 880	11 970	2 090	121
Langon à Bazas....	20	7 120	10 360	3 440	145.5
Agen à Vir–en-Bigorre	130	9 110	10 350	1 240	113.6
Perpignan à Port-Vendres.........	20	9 850	10 700	850	108.5
Lourdes à Pierrefitte	30	6 670	7 430	760	111.4

TABLEAU C

Tableau comparatif des résultats d'exploitation, par kilomètre, des lignes principales pendant les années 1869 et 1874

DÉSIGNATION DES LIGNES et des compagnies	KILOMÈTRES EXPLOITÉS		ANNÉE 1869			ANNÉE 1874		
	1869	1874	Recettes brutes	Dépenses	Rapport pour cent	Recettes brutes	Dépenses	Rapport pour cent
NORD	kil.	kil.	fr.	fr.		fr.	fr.	
Paris à Mouscron et Quiévrain	393	402	117 000	49 000	44,90	132 950	65 350	49,2
Creil à Erquelinnes...............	197	197	100 900	33 970	33,65	121 930	45 580	37,4
EST								
Paris vers Strasbourg	510	410	79 060	37 950	48, »	80 800	43 880	54,2
Frouard vers Forbach	122	32	60 980	23 780	39, »	50 850	35 290	69,4
OUEST								
Paris au Havre	221	221	102 600	43 760	42,6	113 700	55 860	49, »
Paris à Rennes	358	358	51 000	25 310	49,5	55 950	27 130	48,50
ORLÉANS								
Paris à Bordeaux	587	587	89 900	28 600	31,80	93 730	31 560	34, »
Tours à Nantes.................	260	260	37 900	15 500	43,50	39 100	18 180	46,50
PARIS-LYON-MÉDITERRANÉE								
Paris à Marseille...............	872	872	148 500	47 200	31.80	178 400	58 900	33,50
Mâcon et Lyon à Genève..........	235	235	32 500	16 100	49,50	51 800	28 900	56, »
MIDI								
Bordeaux à Cette et à Bayonne.....	798	798	44 370	15 860	35,70	57 940	21 670	37,4

TABLEAU D. — Situation générale des dépenses de Compagnies à la fin des années 1869 et 1874, déduction capital dépensé par les grandes Compagnies.

DÉSIGNATION des compagnies	KILOMÈTRES exploités	DÉPENSES DE Subventions
Année 1869	kil.	fr.
Nord	1 395	2 163 000
Est	2 505	141 820 000
Ouest	2 064	207 709 000
Orléans	3 698	323 880 000
Paris-Lyon-Méditerranée	3 947	307 271 000
Midi	1 872	121 836 000
Totaux	15 481	1 104 697 000

Excédant en sus
les Compagnies

Année 1874		
Nord	1 617	2 463 000
Est	2 236	133 796 000
Ouest	2 405	219 669 000
Orléans	4 122	332 228 000
Paris-Lyon-Méditerranée	4 861	334 902 000
Midi	1 941	129 213 000
Totaux	17 183	1 152 271 000

Déficit sur l'intérêt
au 31 décembre

Nota. Les réductions sur les quantités correspondantes à la Compagnie kilomètres par suite de la cession forcée de l'Alsace-Lorraine.

construction et des résultats d'exploitation des grandes
faite des produits nets, de l'intérêt à 5 1/2 pour cent du

CONSTRUCTION	RESULTATS D'EXPLOITATION			
Dépenses de la compagnie	Sections productives. Excédants	Sections improductives Déficits	Balances par compagnie	
			Excédants	Déficits
fr.	fr.	fr.	fr.	fr.
633 356 000	24 442 000	3 857 000	20 585 000	
994 064 000	15 640 000	20 527 000	»	4 487 000
875 081 000	8 367 000	16 067 000	»	7 700 000
1 142 382 000	34 070 000	30 491 000	3 579 000	»
2 054 237 000	65 409 000	45 943 000	19 466 000	»
592 382 000	6 456 000	12 510 000	»	6 054 000
6 291 502 000	154 384 000	129 395 000	43 630 000	18 641 000
			18 641 000	

de 5 1/2 p. 100 du capital dépensé par
au 31 décembre 1866................... 24 989 000

758 399 000	24 351 000	5 923 000	18 428 000	
899 823 000	8 035 000	24 203 009	»	16 168 000
1 013 477 000	8 840 000	25 532 000	»	16 592 000
1 251 742 000	32 538 000	31 609 000	992 000	
2 439 000 000	79 254 000	69 029 000	10 125 000	
635 568 000	12 337 000	13 619 000		1 282 000
6 998 415 000	165 355 000	169 915 000	29 482 000	34 042 000
				29 482 000

à 5 1/2 p. 100 du capital dépensé par les compagnies
1874... 4 560 000

de l'Est pour l'année 1874 proviennent d'une réduction de son réseau de 843.

TABLE.

PRINCIPALES PUBLICATIONS

DE

LA LIBRAIRIE DUNOD

PREMIÈRE SECTION. — PÉRIODIQUES.

Annales des ponts et chaussées; mémoires et documents relatifs à l'art des constructions et au service de l'ingénieur; lois, décrets, arrêtés concernant l'administration des ponts et chaussées; publiées sous l'autorisation du ministre des travaux publics et rédigées par les ingénieurs des ponts et chaussées.

La publication des ANNALES a lieu tous les mois, par livraison de 10 à 12 feuilles in-8, accompagnées de planches, format demi-jésus, gravées avec soin. Les douze cahiers de chaque année forment 3 vol., savoir 2 vol. de *mémoires et documents*, et 1 vol. de *lois, décrets* et *personnel* en 1 ou 2 fascicules.

Les 40 années publiées de 1831 à 1870 inclus forment les *première, deuxième, troisième et quatrième séries*, ensemble 124 forts vol. in-8, avec planches, y compris 1 vol. de tables pour chaque série.

La TABLE des matières de la 1re série, 1831 à 1840, 1 vol. in-8 (*aux souscripteurs*) . . . . 5 fr.

La	*id.*	*id.*	de la 2e série, 1841 à 1850, 1 vol. in-8.	7 fr.
La	*id.*	*id.*	de la 3e série, 1851 à 1860.	9 fr.
La	*id.*	*id.*	de la 4e série, 1re période quinquennale, 1861 à 1865.	7 fr.
La	*id.*	*id.*	de la 4e série, 2e période quinquennale, 1866 à 1870.	8 fr.

La *cinquième série* des ANNALES commence avec l'année 1871.

Prix de l'abonnement annuel, et de chaque année écoulée (depuis 1841), que l'on peut se procurer séparément :

Pour Paris . . . . 20 fr.
— les départements. . . . . 24 fr.
— l'étranger. . . . . 28 fr.

Annales des mines; mémoires sur l'exploitation des mines et sur les sciences et les arts qui s'y rapportent; lois, décrets, arrêtés concernant l'administration des mines; publiées sous l'autorisation du ministre des travaux publics et rédigées par les ingénieurs des mines.

Les *première, deuxième, troisième, quatrième et cinquième* séries, années 1816 à 1861, 126 vol. in-8 (avec planches), y compris 4 volumes de tables des matières. (Très-rare.)

La TABLE des matières des 2 1res séries, *séparément*.					9 fr.
La	*id.*	*id.*	de la 3e série, 1832 à 1841, 1 vol. *séparém.*		9 fr.
La	*id.*	*id.*	de la 4e série, 1842 à 1851,	*id.*	9 fr.
La	*id.*	*id.*	de la 5e série, 1852 à 1861,	*id.*	9 fr.
La	*id.*	*id.*	de la 6e série, 1862 à 1871,	*id.*	9 fr.

1

Les *Annales des mines* sont la continuation du recueil périodique qui, sous le nom de *Journal des mines*, a été publié sans interruption depuis 1795 jusqu'en 1815, sous les auspices de l'administration des mines de France; la collection complète de ce journal forme 40 vol., y compris les deux volumes des tables analytiques des matières parues en 1813 et 1821. (V. *Journal des mines*.)

Depuis 1832, les *Annales des mines* paraissent régulièrement tous les deux mois par livraison; les six livraisons de l'année réunies forment 3 vol. in-8, avec environ 25 planches.

Les années de 1832 à 1862, qui sont épuisées, se trouvent difficilement.

Prix de l'abonnement annuel et de chaque année écoulée depuis 1862 que l'on peut se procurer séparément :

> Pour Paris. . . . . 20 fr.
> — les départements. . . . 24 fr.
> — l'étranger. . . . . 28 fr.

Bulletin de la société de l'industrie minérale de Saint-Étienne.

Depuis le 1ᵉʳ juillet 1855, il forme chaque année 1 fort vol. de texte avec un atlas; la 1ʳᵉ série comprend juillet 1855 à juillet 1870, 15 années ou tomes. Les tomes V à XI sont très-rares. La 1ʳᵉ série finit à juin 1870 et la 2ᵉ commence en janvier 1872.

L'abonnement annuel paraît en 4 livraisons formées d'un fascicule de texte et d'un fascicule de planches.

> Prix de chaque tome ou année. . . 25 fr.

Annales télégraphiques,

publiées sous l'autorisation du directeur général des lignes télégraphiques et rédigées par les employés de l'administration sous la direction d'un comité composé de MM. BLAVIER, DEMEAUX, BONTEMPS, RAYNAUD, secrétaire.

> 1ʳᵉ série, juillet 1858 à fin 1865. — 8 vol. . . . 113 fr.
> 2ᵉ série, juillet à décembre 1876. . . . . 30 50

L'abonnement annuel ou le volume complet d'une année pour 1875 et années suivantes :

> France et colonies. . . . . . 12 fr.
> Étranger. . . . . 15 fr.
> ou selon les tarifs postaux.

PUBLICATIONS DE M. C. A. OPPERMANN.

Nouvelles Annales de la construction,

publication rapide et économique des documents les plus récents et les plus intéressants relatifs à la construction française et étrangère, destinée aux ingénieurs, architectes, conducteurs, agents voyers, élèves des écoles, entrepreneurs et ouvriers.

50 à 60 planches grand format et 12 livraisons de texte par année. Collection de 21 volumes cartonnés : de 1855 à 1875 Prix : 350 fr.

Prix de l'abonnement annuel : 15 fr. pour Paris. — 18 fr. pour les départements. — 20 fr. pour l'étranger ou selon les tarifs postaux.

La table, classée par séries, des planches de cette publication, est envoyée gratuitement, sur demande affranchie.

Portefeuille économique des machines, de l'outillage et du matériel,

relatifs à la construction, aux chemins de fer, aux routes,

à la navigation, aux mines, aux télégraphes. à l'industrie en général. destiné aux ingénieurs, mécaniciens, constructeurs de machines, contre-maîtres, chefs d'atelier, entrepreneurs et ouvriers.

50 à 60 planches grand format et 12 livraisons de texte.

Collection de 20 volumes cartonnés de 1856 à 1875 Prix : 525 fr. Prix de l'abonnement : 15 fr. par an à Paris. — 18 fr. pour les départements. — 20 fr. pour l'étranger ou selon les tarifs postaux.

La table, classée par séries, des planches de cette publication, est envoyée gratuitement sur demande affranchie.

Album pratique de l'art industriel et des beaux-arts, recueil d'ornements et d'accessoires décoratifs modernes avec prix de revient par pièce. par mètre carré et par mètre courant. à l'usage des ingénieurs, architectes, ébénistes, mosaïstes, serruriers d'art, zingueurs, sculpteurs, marbriers, plâtriers, potiers, miroitiers, peintres, décorateurs, doreurs, photographes et dessinateurs industriels.

Collection terminée, comprenant les dix années 1857 à 1866, reliée en 2 forts vol. in-folio, l'un de texte, l'autre de planches,
Prise à Paris. . . . . 150 fr.

Revue de géologie, publiée pour les années 1860 à 1864. par M. DELESSE, ingénieur en chef des mines. professeur de géologie à l'Ecole normale. membre des sociétés géologiques de Paris, de Londres, de Dublin, de Cornouailles, de l'Académie de Turin, de la société philomatique. du comité des sociétés savantes. etc., et M. LAUGEL. ancien ingénieur des mines, membre du conseil de la société géologique de Londres. et pour les années 1865 à 1871 par M. DELESSE et M. de LAPPARENT, ingénieur des mines, secrétaire de la société géologique de France.
8 vol. in-8. Prix. . . . . 40 fr.

Annales (Nouvelles) de mathématiques, journal des candidats aux Ecoles polytechnique et normale, rédigé par M. TERQUEM, officier de l'Université. et M. GERONO. professeur de mathématiques. Prix des 7 premiers volumes ensemble. . . . . 60 fr.

AUCOC (Léon), maître des requêtes, commissaire du gouvernement près le Conseil d'Etat au contentieux. **Conférences sur l'administration et le droit administratif** faites à l'Ecole impériale des ponts et chaussées.

En vente : les tomes I, II et III. vol. in-8. Prix. . . . . . . 20 fr.
Le tome IV est sous presse.

BAZIN, ingénieur des ponts et chaussées, et DARCY. inspecteur général des ponts et chaussées. **Recherches hydrauliques sur l'écoulement des eaux dans les canaux découverts et sur la propagation des ondes.** 2 vol. in-4 avec 33 planches. Prix. . 55 fr.

On vend séparément : 1re partie, in-4 et Atlas de 28 pl. Prix : 45 fr.
2e partie, in-4 et Atlas de 5 pl. Prix : 12 fr. 50.

BELGRAND, membre de l'Institut, inspecteur général des ponts et chaussées, directeur des eaux et égouts de Paris et du service hydrométrique du bassin de la Seine. **Les travaux souterrains de Paris.**

I. Études préliminaires : *Hydrologie de la Seine ; régime de la pluie, des sources, des eaux courantes ; applications à l'agriculture.* Un fort vol. grand in-8 jésus, avec tableaux et vignettes, et un atlas de 73 pl. dont une grande carte en couleur. Prix. . . . . 40 fr.

II. Première partie : *Les Eaux.* Introduction : *Les Aqueducs romains.* Un vol. grand in-8 avec vignettes et planches dans le texte et un atlas contenant : une grande carte de la campagne de Rome. une carte coloriée de l'aqueduc romain de Sens avec profil et 9 gravures ou héliogravures. Prix. . . . . 30 fr.
Sous presse : *III. Historique du service des eaux.*

BÉRAIN Jouanès, dessinateur de Louis XIV. Fac-simile des œuvres. **Compositions diverses d'ornementation.** 70 planches in-plano, relié. Prix. 50 fr.

BERTHELOT. de l'Institut, professeur au Collège de France. **Traité élémentaire de chimie organique.** Grand in-8, relié. Prix : 15 fr.

BIET, NORMAND père et fils, et BRÉS. **Souvenirs du musée et des monuments français.** collection de 40 dessins perspectifs, représentant les principaux aspects sous lesquels on a pu considérer tous les monuments réunis dans ce musée. 1 beau vol. in-folio de planches gravées, avec texte explicatif et discours préliminaire, imprimé par Jules Didot. Prix. . . . . 30 fr.

BONNIN, ingénieur des ponts et chaussées. **Travaux d'achèvement de la digue de Cherbourg** de 1830 à 1833; précédé d'une introduction historique sur les travaux exécutés depuis l'origine jusqu'en 1830, par feu A. E. DE LAMBLARDIE, inspecteur général des ponts et chaussées et des travaux maritimes. 2 vol. in-4, dont un de planches. Paris. Prix. 20 fr.

BONTEMPS, sous-inspecteur des lignes télégraphiques. **Les Systèmes télégraphiques.** Grand in-8 avec 183 vignettes et 11 planches. Prix. broc., 8 fr.; rel., 10 fr.

BOUCHET (J.), architecte. **La Villa Pia des jardins du Vatican,** architecture de PIRRO LICORIO ; publiée dans tous ses détails, avec une notice historique sur l'auteur de ce monument, et avec un texte descriptif, par RAOUL-ROCHETTE, antiquaire. 1 vol, in-folio accompagné de 24 planches gravées sur acier par Hibon, et de vignettes dans le texte. Prix de l'ouvrage cartonné élégamment. . . . 35 fr.

BOURGUIGNAT, ancien avocat au Conseil d'État et à la Cour de cassation. **Législation appliquée des établissements industriels,** notamment des usines hydrauliques ou à vapeur, des manufactures, fabriques, ateliers dangereux, incommodes et insalubres, moulins. hauts fourneaux, établissements métallurgiques, mines, minières, carrières, etc. ; **Traité complet,** d'après le dernier état des lois, de la doctrine et de la jurisprudence, des règles à observer pour la création, l'exploitation, la location, la vente, l'abandon ou la suppression des établissements appartenant à l'industrie. 2 vol. in-8. Paris. Prix. 15 fr.

BOUTAN (A.), professeur de physique au lycée Saint-Louis, et D'ALMEIDA (J. Ch.), professeur de physique au lycée Napoléon. **Cours élémentaire de physique,** précédé de notions de mécanique, suivi de problèmes, avec très-nombreuses figures et un spectre solaire intercalé dans le texte. 4° édition, revue et augmentée. 2 vol. in-8. Prix. . . . . 18 fr.

BRAME (Éd.). ingénieur en chef des ponts et chaussées. **Étude sur les signaux de chemins de fer à double voie.** Un beau vol. grand in-8 avec atlas de 18 planches. Prix. . . . . 20 fr.

BRUNE (Em.), professeur de construction à l'École des Beaux-Arts. **Cours autographié,** par l'auteur (*sous presse*). Prix. . . . 25 fr.

Bulletin de la Société de l'industrie minérale : 1° section du catalogue, *Périodiques,* page 2.

J. CALLON, inspecteur général des mines. **Cours professés à l'École des mines de Paris.** *Première partie :* COURS DE MACHINES. Tome premier. *Principes généraux, machines hydrauliques et à gaz.* 1 volume grand in-8 avec atlas de 54 planches. Prix. . . . . 25 fr.

Tome deuxième, *Machines à vapeur.* 1 volume grand in-8 et atlas de 40 planches. Prix. . . . . 30 fr.
Les deux tomes pris ensemble. . . . . 50 fr.
Seconde partie, COURS D'EXPLOITATION DES MINES. Deux beaux vol. grand in-8 et atlas de 94 planches. Prix. . . . . 60 fr.

— **Cartes géologiques.** *Carte géologique de France* en 6 feuilles coloriées et collées sur toile. Prix. . . . . 167 fr. 50
— Réduite en 1 feuille imprimée en couleur. Prix. . . . . . . 5 fr.
— Pour l'explication de cette carte, *voir* Dufrénoy.

— *Carte géologique* du Cantal. *Voir* Baudin.
-- du Cher, par Boulanger et Bertera, ingénieurs des mines, 3 planches en couleur avec texte. Prix. . . . . 40 fr.
— de la Haute-Marne. *Voir* Élie de Beaumont.
— du Haut-Rhin. *Voir* Delbos.
— de la Seine. *Voir* Delesse.
— du Var. *Voir* de Villeneuve.

CASTELNAU, professeur de mathématiques au collège Stanislas, membre de l'association philotechnique, directeur d'un cours spécial. **Cours de mathématiques appliquées** à l'usage des candidats aux emplois d'agents secondaires et de conducteurs des ponts et chaussées. 4 vol. grand in-8, en 2 parties. . . . . 13 fr.
LA 1ʳᵉ PARTIE, 2 vol. grand in-8. . . . . 6 fr.
LA 2ᵉ PARTIE, 2 vol. grand in-8. . . . . 8 fr.

CHAMPION. **Les Inondations en France,** depuis le sixième siècle jusqu'à nos jours. 6 vol. in-8. . . . . 45 fr.

CHANCOURTOIS (DE), ingénieur en chef des mines. **Carte géologique du département de la Haute-Marne,** par M. A. Duhamel, ingénieur en chef des mines, publiée par MM. de Chancourtois et Élie de Beaumont, professeur de géologie à l'École des mines. 4 feuilles. . . . . 60 fr.

CHEVREUL, membre de l'Institut. De la **Méthode à posteriori expérimentale** et de la **généralité de ses applications.** 1 fort vol. in-18. . . . . 8 fr.

— **Leçons de chimie** appliquée aux phénomènes de la vie où interviennent des actions moléculaires. (*Sous presse.*)

CLAUDEL (J.), ingénieur civil. AIDE-MÉMOIRE DES INGÉNIEURS, DES ARCHITECTES, ETC. *Partie théorique* ou **Introduction à la science de l'ingénieur**. Sixième édition, entièrement refondue, et augmentée de notions sur le calcul différentiel et intégral. 1 fort vol. in-8 avec nombreuses figures dans le texte. . . . . 17 fr. 50

— *Partie pratique* ou **Formules, Tables et Renseignements usuels**. Huitième édition, revue et augmentée. 2 forts vol. in-8 avec nombreuses figures. . . . . 27 fr. 50

-- et L. LAROQUE, constructeur. attaché à la direction des travaux de l'exploitation du ciment Gariel, de Vassy. **Pratique de l'art de construire**. Maçonnerie, terrasse et plâtrerie, connaissances relatives à l'exécution et à l'estimation des travaux de maçonnerie, de terrasse et de plâtrerie et en particulier de ceux du bâtiment. Ouvrage utile aux ingénieurs, architectes. entrepreneurs, conducteurs, métreurs, ouvriers maçons et terrassiers. Quatrième édition, revue et considérablement augmentée. 1 fort vol. in-8, avec un grand nombre de figures intercalées dans le texte.. . . . . 10 fr.

DOULIOT (J. P.). anc. prof. d'architect. et de construction à l'École impériale de dessin. de mathémathique, d'architecture. etc., appliqués aux arts industriels. **Traité spécial de la coupe des pierres.** Deuxième édition. revue. corrigée et considérablement augmentée. Les XIX premiers chapitres, par M. F. Jay, architecte en chef de la seconde section de la ville de Paris et des travaux publics, professeur aux Écoles nationales des beaux-arts et de dessin. etc., etc., et les XXIII derniers chapitres. contenant un traité complet des ponts biais, par MM. J. Claudel et L. A. Barré, ingénieurs civils, anciens élèves de l'Ecole centrale des arts et manufactures, professeurs aux Associations philotechnique et polytechnique. . . . . 30 fr.

CLOEZ, répétiteur de chimie à l'École polytechnique. **Cours de manipulations et de préparations chimiques** à l'usage des élèves des Écoles spéciales, des Facultés et des Laboratoires. 1 beau vol. in-8, avec figures.

Cet ouvrage, tout à fait nouveau par le fond et par la forme, était, depuis longtemps. impatiemment attendu ; il paraîtra prochainement.

COLLIGNON (ED.). ingénieur des ponts et chaussées, professeur adjoint de mécanique à l'École des ponts et chaussées et répétiteur à l'École polytechnique. **Les Chemins de fer russes de 1857 à 1862.** Deuxième édition. 1 vol. in-4 cavalier avec un atlas de 51 pl. 45 fr.

— COURS DE MÉCANIQUE appliquée aux constructions. *Première partie.* **Résistance des matériaux.** 1 beau vol. in-8 avec vignettes et planches. 2e édition très-augmentée. . . . . 12 fr.

— *Deuxième partie.* **Hydraulique.** 1 beau vol. in-8 avec vignettes et planches. . . . . 11 fr.

— COURS D'ANALYSE professé à l'École des ponts et chaussées (Enseignement préparatoire). *Sous presse.*

COMTE. **Système de politique positive**, ou Traité de sociologie instituant la religion de l'humanité. 4 vol. in-8. . . . . 30 fr.

CORDIER, architecte, **Équilibre des charpentes métalliques.** 1 fort vol. grand in-4, sur fort papier, avec très-nombreuses vignettes et tableaux, relié. . . . . 50 fr.

CORIOLIS. membre de l'Institut, ingénieur en chef des ponts et chaussées. **Traité de la mécanique des corps solides et du calcul de l'effet des machines.** ou Considérations sur l'emploi des moteurs, et sur leur évaluation, pour servir d'introduction à l'étude spéciale des machines. Deuxième édition. In-4, avec pl. 15 fr.

— **Théorie mathématique des effets du jeu de billard.** 1 vol. grand in-8, 12 pl. 6 fr. 50

CORNWALL. professeur assistant du cours de minéralogie à l'École des mines de New-York. **Manuel d'analyse** qualitative et quantitative au chalumeau. Traduit par M. J. Thoulet. 1 fort vol., relié, avec vignettes. . . . . 25 fr.

COUCHE. inspecteur général des mines et du contrôle des chemins de fer de l'Est et de Paris-Lyon-Méditerranée, professeur du cours de construction et de chemins de fer à l'École des mines. **Voie, Matériel roulant et exploitation technique des chemins de fer.** Ouvrage suivi d'un appendice sur les travaux d'art. Tomes premier, deuxième et troisième. 3 grands in-8 et 3 atlas. . . . . 155 fr.

COULON, ancien menuisier, professeur de dessin linéaire et de trait. **Menuiserie descriptive.** Nouveau Vignole des menuisiers ; ouvrage théorique et pratique utile aux ouvriers, maîtres et entrepreneurs, composé des éléments de géométrie descriptive, des règles des cinq ordres d'architecture et l'ordre de Pæstum ; de la menuiserie de clôture, de revêtement et de distribution ; du trait des arêtiers et des escaliers de différents genres ; des ouvrages cintrés en plan et en élévation, persiennes, croisées, portes, chambranles, etc.; des arrière-voussures de différents genres ; archivoltes, calottes, trompe, plafond de voûte ou courbe sur angle ; de la menuiserie des églises, autels, confessionnaux, chaires à prêcher, bancs d'œuvre, stalles, buffets d'orgue. 2 vol. in-4, dont un de 84 planches. . . . . . 20 fr.

— Supplément comprenant la **Menuiserie artistique.** Album de 45 planches. . . . . 15 fr.

CROIZETTE-DESNOYERS (Ph.), inspecteur général des ponts et chaussées. **Notice sur les travaux publics en Hollande.** 1 beau vol. grand in-4 avec atlas de 28 grandes planches. . . . . 40 fr.

— Mémoire sur l'**établissement des travaux dans les terrains vaseux de Bretagne.** In-8 et planches. . . . . 5 fr.

DARTEIN (F. de), ingénieur des ponts et chaussées, professeur d'architecture à l'École polytechnique et à l'École des ponts et chaussées. **Etude sur l'architecture lombarde** et sur les origines de l'architecture romano-byzantine. Un fort volume in-4 accompagné d'un Atlas de 100 planches grand in-folio. Publication en 25 livraisons.

Prix de l'ouvrage complet. . . . . 125 fr.
Les quinze premières livraisons sont parues. Prix. . . . . 75 fr.

DEBAUVE (A.), ingénieur des ponts et chaussées. **Manuel de l'Ingénieur des Ponts et Chaussées.**

1er Fascicule. *Algèbre. Descriptive et applications.* In-8 et atlas. 12 50
2e — *Physique et Chimie.* In-8 . . . . 16 »

3e Fascicule. *Géologie et Minéralogie.* In-8. . . . . 10 fr.
4e — *Exécution des travaux.* In-8 et atlas. . . . . 30 »
5e — *Géodésie. Nivellement.* In-8. . . . . 7 50
6e, 7e et 8e *Mécanique, Machines hydrauliques et à vapeur.* Fort
in-8 et atlas. 37 50
9e — *Routes.* In-8 et atlas. . . . . 15 »
10e — *Ponts en maçonnerie.* In-8 et atlas. . . . . 25 »
11e — *Ponts et Viaducs en bois et en métal.* In-8 et atlas. . 30 »
12e — *Tunnels. — Souterrains.* In-8 et atlas. . . . . 10 »
13e — *Chemins de fer.* In-8 et atlas. . . . . 15 »
14e — *Constructions civiles.* In-8 et atlas. . . . . 17 »
15e — *Hydraulique.* . . . . 6 »
16e — *Distributions d'eau.* In-8 et atlas. . . . . 20 »
17e — *Météorologie, Hydrologie et Culture rationnelle.* In-8. 5 »
18e — *Usages agricoles : irrigations, drainage, dessèche-
ment.* In-8 et atlas. . . . . 15 »
19e — *Des eaux comme moyen de transport : rivières, canaux, ports maritimes.* 1 très-fort vol. et atlas. . 50 »
20e — *Droit administratif* (sous presse).

Les souscripteurs à l'ouvrage complet qui s'engageront à prendre
de suite ou dès l'apparition les 20 fascicules dont se compose l'ouvrage, jouiront d'une réduction de 20 p. 100 sur les prix ci-dessus.
— Le prix total de l'ouvrage complet sera d'environ 275 francs *seulement pour les souscripteurs.*

*Ce prix devant être de 20 p. 100 au-dessous de l'ensemble des prix
des fascicules séparés.*

DEBRAY, maître de conférences à l'École normale, essayeur de la
garantie à la monnaie. **Abrégé de chimie.** Gr. in-18. . . 5 fr.

— **Cours élémentaire de chimie minérale.** 3e édition. 2 vol.
in-8. . . . . 24 fr.
Tome 1er seul.. 6 fr.

DES CLOIZEAUX, maître de conférences à l'École normale supérieure.
Manuel de minéralogie. 2 vol. in-8. Tome I et la 1re partie du
tome II. 2 vol. in-8 et atlas. . . . . 30 fr.

DOULIOT (A.), professeur d'architecture et de construction à l'École
de dessin de Paris, **Traité spécial de la coupe des pierres.**
2e édition, 1re partie, revue et augmentée par M. JAY, architecte en
chef des travaux publics, professeur d'architecture et de construction
aux Écoles des beaux-arts et de dessin ; 2e partie, revue, mise au
courant et augmentée d'un supplément important sur les ponts
biais, par M. J. CLAUDEL, ingénieur civil. 9 vol. in-4, dont un de
120 planches environ. . . . . 30 fr.

DUMONT, ingénieur en chef des ponts et chaussées. **Les Eaux de
Lyon et de Paris**, détails d'exécution des tracés et projets suivis
d'une pratique de distribution d'eau. In-4 et atlas. . . . . . 25 fr.
— **Les Eaux de Londres et de Nîmes.** In-4 et atlas. . . . 25 fr.

DUPONT, ingénieur en chef des mines, directeur de l'École des mineurs de Saint-Etienne. **Traité pratique de la jurisprudence
des mines,** minières, forges et carrières. 2e *édition*, revue et mise
au courant de la législation actuelle. 3 beaux vol. in-8. . . . 25 fr.

DUPUIT (J.), ingénieur en chef des ponts et chaussées, directeur du service municipal de la ville de Paris **Traité théorique et pratique de la conduite et de la distribution des eaux.** 2e édition. Un fort vol. in-4. accompagné d'un bel atlas de 47 planches in-folio demi-jésus. Paris. 1865. Prix. . . . .   45 fr.

— **Traité de l'équilibre des voûtes et de la construction des ponts en maçonnerie.** La publication en a été achevée par MM. Mayer et Vaudrey. ingénieurs en chef des ponts et chaussées. Un vol. grand in-4 et atlas de 49 grandes planches. Prix. . .   60 fr.

ECK. architecte. ingénieur. **Traité des constructions** en poteries et en métal. 1 vol. in-fol. cartonné. avec 86 planches. . . . . .   40 fr.

ÉMY. colonel du génie. **Traité de l'art de la charpenterie.** 2e édition. revue avec soin. suivie d'*Éléments de charpenterie métallique* et précédée d'une notice sur l'Exposition universelle de 1867 (section des bois), par M. Barré. ingénieur civil. 3 vol. in-4 et atlas de 187 planches reliés. Prix. . . . .   125 fr.

D'ESCLAUDS. **Compte rendu du Congrès de 1867** et des Congrès d'échecs antérieurs. suivis des règles fondamentales et du règlement du jeu des échecs par MM. Neuman et Arnous de Rivière. In-8, relié, avec très-nombreuses figures. . . . .   15 fr.

FREYCINET (de). ingénieur en chef des mines. sénateur. **Traité d'assainissement :** 1o *Assainissement industriel*, comprenant la description des principaux procédés employés dans les centres manufacturiers de l'Europe occidentale pour protéger la santé publique et l'agriculture contre les effets des travaux industriels; 2o *Assainissement des villes*, comprenant la description des principaux procédés employés dans les centres de population de l'Europe occidentale pour protéger la santé publique. publié par ordre du ministre de l'agriculture et du commerce. à la demande du comité consultatif des arts et manufactures. 2 vol. in-8. avec 39 planches. Prix. . . . .   20 fr.

FRISSARD, inspecteur général des ponts et chaussées. **Le Théâtre de Dieppe.** 20 belles planches in-folio. avec texte explicatif donnant les devis et évaluations complets des différents travaux qui ont eu lieu pour sa construction. 1 vol. in-fol. . . . .   15 fr.

GAUDRY (Jules), ingénieur au chemin de fer de l'Est. Traité élémentaire et pratique de la direction. de l'entretien et de l'installation des **Machines à vapeur** fixes, locomotives. locomobiles et marines, à l'usage des propriétaires d'usines à vapeur, mécaniciens, agents réceptionnaires. capitaines ou patrons de navires à vapeur, etc. 2e édition. entièrement refondue et considérablement augmentée. 2 vol. in-8 de texte, 1 de tableaux et de planches. . . . . . .   18 fr.

GRAEFF, inspecteur général des ponts et chaussées. **Appareil et Construction des ponts biais.** 2e édition. In-4 avec atlas. Prix. . . . .   12 fr. 50

— **Construction des canaux et des chemins de fer.** Histoire critique des travaux exécutés dans les Vosges au chemin de fer de Paris à Strasbourg et au canal de la Marne au Rhin. Tracés, viaducs, tunnels. Analyse détaillée et classement méthodique des dépenses faites pour ces travaux. In-8 et atlas. . . . .   15 fr.

GRAEEF. Mémoire sur le **Mouvement des eaux** dans les réservoirs à alimentation variable. 2 vol. in-4 et atlas. . . . . 25 fr.

GRUNER, inspecteur général des mines, ancien professeur aux Écoles des mines de Paris et de Saint-Étienne. **Traité de métallurgie.** En vente le tome 1er : *Agents et appareils métallurgiques. Principes de la combustion.* Grand in-8 et atlas. Prix. . . . . 30 fr.

HACHETTE, professeur à l'École polytechnique. **Traité de Géométrie descriptive** comprenant les applications de cette géométrie aux *ombres*, à la *perspective* et à la *stéréotomie.* 2e édition, 1 fort vol. in-4, avec 74 grandes planches. . . . . 20 fr.

HÉRON DE VILLEFOSSE, de l'Institut, inspecteur général des mines. **Atlas de la richesse minérale**, recueil de faits géognostiques et de faits industriels, offrant un cours complet de l'art des mines et usines, au moyen d'exemples tirés des célèbres établissements, et rendus sensibles à l'œil par la représentation géométrique des objets; *nouveau tirage*, accompagné d'un *nouveau texte* explicatif, rédigé par ordre du gouvernement; par H. LE COCQ, ingénieur des mines, Atlas in-folio de 65 belles planches, gravées par Leblanc, dont plusieurs coloriées, et 1 vol. in-8 de texte. . . . . 50 fr.

JACQUET, conducteur des ponts et chaussées. **Courbes de raccordement.** Tracé général des courbes circulaires, elliptiques et paraboliques de raccordement pour chemins de fer, routes, canaux, etc.; tracé des épures d'arches de ponts et en général de toute espèce de voûtes, quelle qu'en soit la dimension, par la tangente et par la corde, avec trois décimales exactes; tables nouvelles et complètes précédées d'une introduction renfermant la théorie, la construction et les usages des tables, de nombreuses applications, un grand nombre de problèmes, ainsi que l'exposé des différentes méthodes de tracés graphique et de cabinet, du cercle de l'ellipse et de la parabole. Ouvrage indispensable à tous ceux qui s'occupent de tracés. 1 beau vol. in-8, avec pl., relié en toile avec crayon et papier quadrillé. Paris. . . . . 6 fr.

KLEITZ, inspecteur général des ponts et chaussées. Note sur la **détermination du nombre de passagers** à admettre sur les bateaux. In-8. . . . . 2 fr.

— **Forces moléculaires des liquides.** 1 bel in-4°, avec vignettes. . . . . 20 fr.

KNAPP-MÉRIJOT. **Traité de chimie technologique et industrielle.** Traduit sur la troisième édition allemande, revu et augmenté avec le concours de l'auteur, sous la direction de E. MÉRIJOT et DEBISE, anciens élèves de l'École polytechnique, ingénieurs des manufactures de l'État.

Tome I. *Eau, combustibles, matières éclairantes, éclairage au gaz.*
Tome II. *Produits chimiques. Sel marin, Poudre à canon, potasses, soudes, acides sulfuriques, chlore, savons, aluns, mortiers.*
2 gr. in-8 avec vignettes et planches. Prix. . . . . 50 fr.

KRANTZ, ingénieur en chef des ponts et chaussées. **Murs de réservoirs.** Album de types coloriés avec texte. Gr. in-8, relié. . . . 10 fr.

KRAFFT, architecte, etc. **Traité sur l'art de la charpente**, théorique et pratique; *six parties* in-folio, ensemble 86 feuillets de texte et 180 planches, texte explicatif en trois langues (*français, allemand et anglais*); le tout pouvant être réuni en 1 fort vol. in-fol. . . . 120 fr.

LAGRENÉ (de), ingénieur en chef des ponts et chaussées. **Cours de navigation intérieure, fleuves et rivières.**
Tome I. *Principes généraux. — Travaux de navigation.*
Tome II. *Divers modes de transport par eau. — Travaux d'amélioration en laissant le cours d'eau libre.*
Tome III. *Canalisation en lit de rivière, écluses, barrages, etc.* 3 gr. in-4 et 3 atlas. Prix. . . . . 75 fr.

LAMAIRESSE, ingénieur des ponts et chaussées. **Études hydrologiques sur les monts Jura.** In-4 et atlas. . . . . 20 fr.

LEBLANC, ingénieur en chef, directeur des ponts et chaussées. **Description d'un pont suspendu** de 190 mètres d'ouverture et de 30m,70 de hauteur au-dessus des basses mers, construit sur la Vilaine à la Roche-Bernard, route de Nantes à Brest. 1 vol. in-4 de texte accompagné d'un bel atlas in-fol. . . . . 20 fr.

LECOMTE. Nouveau traité de **serrurerie.** Album de 45 pl. . . 20 fr.

LEDIEU, ancien officier et professeur de la marine, membre de la Commission d'examen des mécaniciens de la marine. **Traité élémentaire des appareils à vapeur de navigation**, à l'usage des constructeurs, des officiers de vaisseau, des élèves de l'École navale et notamment des candidats aux divers grades de maîtres mécaniciens : ouvrage publié avec l'autorisation de S. Ex. M. le ministre de la marine et des colonies. 3 vol. gr. in-8 raisin, enrichis de 450 gravures intercalées dans le texte et représentant tous les dessins exigibles au tableau dans les examens, avec atlas contenant 28 belles planches sur cuivre dessinées par M. F. Ménard, gravées par M. Duclos, et dix-sept grands tableaux de dimensions. Prix de l'ouvrage complet. . 45 fr.

— SUPPLÉMENT. — **Les nouvelles machines marines.** T. I, grand in-8 et atlas. . . . . 30 fr.

— **Les nouvelles méthodes de navigation** (*sous presse*).

LOCARD (E.), ingénieur en chef du chemin de Saint-Étienne à Lyon, ancien professeur des cours industriels de Mézières, de Charleville, etc. **Dessin linéaire**, appliqué aux arts et à l'industrie. 1 vol. in-8, accompagné d'un atlas de 35 pl. in-fol. contenant 890 dessins gravés avec soin par Hibon. . . . . 18 fr.

MALÉZIEUX, ingénieur en chef des ponts et chaussées. **Des chemins de fer anglais** en 1873. In-4, avec carte coloriée et plan de Londres. . . . . 16 fr.

MALLARD, ingénieur des mines. **Traité de cristallographie.** 1 fort vol. gr. in-8 avec très-nombreuses vignettes (*sous presse*).

MANDAR, ingénieur en chef, professeur d'architecture. **Études d'architecture civile**, ou Plans, élévations, coupes et détails nécessaires pour élever, distribuer et décorer une maison et ses dépendances, publiées pour l'instruction de l'École des ponts et chaussées, *nouvelle édition*, corrigée et augmentée de 22 pl. gravées en taille-douce, d'un texte explicatif suivi des *devis et marchés*; ouvrage utile aux élèves architectes et à toutes les personnes qui font bâtir. 1 vol. in-fol. de 29 feuilles de texte et 122 pl., demi-reliure. . . . . . 60 fr.

HERVÉ MANGON, membre de l'Institut, ingénieur en chef des ponts et chaussées, professeur à l'Ecole des ponts et chaussées et au Conservatoire des arts et métiers. **Traité de génie rural.** *Travaux. instruments et machines agricoles.* Ce volume est accompagné de 26 planches et orné de 193 gravures sur bois. Prix. . . . . 45 fr.

MARIE, ancien élève de l'École des Beaux-Arts. **Éléments d'architecture. Dessins linéaires** tirés des monuments et des auteurs classiques à l'usage de l'enseignement scolaire; ouvrage admis par la Commission des bibliothèques scolaires au ministère de l'instruction publique. In-fol. de 26 planches avec texte. . . . . 12 fr

MAUMENÉ (L. J.), docteur ès sciences, lauréat de l'Institut. **Traité théorique et pratique de la fabrication** du sucre, comprenant : la culture des plantes saccharines, l'extraction du sucre brut, le raffinage, le traitement des mélasses. la distillation et les opérations relatives aux salins et potasses; l'analyse des matières utiles à la culture et à la fabrication. 2 forts vol. avec vignettes. — Le 1er est paru au prix de. . . . . 25 fr.

MOINET. **Traité général d'horlogerie**; nouvelle édition, avec Appendice par M. DEBIZE, ingénieur des manufactures de l'Etat.

Cet Appendice contient les données nouvellement acquises à la science sur l'échappement et les autres parties de l'horlogerie, et surtout tous les perfectionnements de la pratique de cet art, notamment les applications de l'électricité qui y ont été faites dans ces derniers temps.

Prix de la nouvelle édition, avec l'Appendice, 2 forts vol. gr. in-8 avec planches. . . . . 35 fr.

On vend séparément l'Appendice, gr. in-8 et 19 planches. . 12 fr.

MOISSENET. professeur de l'École des mines. **Parties riches des filons.** Structure de ces parties et leur relation avec les directions des systèmes stratigraphiques. In-8, avec 11 planches. . . . . 15 fr.

MONTDÉSIR, ingénieur en chef des ponts et chaussées. **Calcul des ponts métalliques.** Gr. in-4 et planches, nouvelle édition. . 15 fr.

MORANDIÈRE, inspecteur général des ponts et chaussées, professeur du cours de ponts à l'Ecole des ponts et chaussées, directeur de la construction au chemin de fer d'Orléans. **Traité de la construction des ponts et viaducs** en pierre, en charpente et en métal pour routes, canaux et chemins de fer. Un très-fort vol. in-4 avec vignettes et atlas de plus de 200 planches. Prix. . . . . 150 fr.

NADAULT DE BUFFON, ingénieur en chef, professeur à l'École des ponts et chaussées, membre de la Société d'agriculture, ancien chef de division au ministère des travaux publics. HYDRAULIQUE AGRICOLE, APPLICATIONS. **Irrigations, canaux d'arrosage de l'Italie septentrionale;** 2e édition. 2 vol. in-8 et un magnifique atlas. 30 fr.

— **Des submersions fertilisantes** comprenant les travaux de **colmatage, limonage, irrigations d'hiver.** 1 vol. de 500 pages in-8, avec un atlas de 17 planches grand format. Prix. . . . 20 fr.

NAVIER. Le *tome* Ier contient les leçons sur la **résistance des matériaux** et sur l'établissement des constructions en terre, en maçonnerie et en charpente. 3e *édition*, augmentée d'une très-importante annotation par **M. DE SAINT-VENANT**, ingénieur en chef en retraite, ancien professeur à l'Ecole des ponts et chaussées. In-8 avec planches et des figures dans le texte. En vente, la 1re partie en 2 fascicules. Prix. . . . . 25 fr.

OLIVIER (Th.), docteur ès sciences, professeur de géométrie descriptive au Conservatoire des arts et métiers, répétiteur à l'École polytechnique, professeur-fondateur de l'École centrale des arts et manufactures, etc. **Traité complet de géométrie descriptive**, ouvrage divisé en plusieurs parties qui se vendent séparément :

1° **Cours de géométrie descriptive**. *2e édition* revue et augmentée, deux parties in-4, avec un atlas de 97 planches. Prix. . . . 22 fr.

  On vend séparément : 1re *partie* : **Ligne droite et plan**. In-4° et atlas. Prix. , ... 10 fr,

  La 2e *partie* : **Des courbes et des surfaces courbes**, et en particulier **des sections coniques et des surfaces du second ordre**. *2e édition*. 2 forts vol in-4, dont un de 54 pl. Prix : 12 fr. 50

  La deuxieme partie forme le traité le plus complet qui existe sur les courbes et sur les surfaces ; tout y est démontré par les méthodes de projection, sans avoir recours à l'analyse.

2° **Additions au cours de géométrie descriptive** ; démonstration nouvelle des propriétés des sections coniques. In-4, avec 15 planches. Prix. . . . . 4 fr.

3° **Développements de géométrie descriptive**. 2 vol. in-4, dont un de planches. Prix. . . . . 18 fr.

4° **Compléments de géométrie descriptive**. 2 vol. in-4, dont un de planches. Prix. . . . . 18 fr.

5° **Mémoires de géométrie descriptive, théorique et appliquée**. 2 vol. in-4, dont un de planches. Paris. Prix. . . . 18 fr.

6° **Application de la géométrie descriptive** aux ombres, à la perspective, à la gnomonique et aux engrenages. 2 vol. in-4, dont un de 58 pl. doubles, dont plusieurs coloriées à l'aqua-tinta. 25 fr.

OPPERMANN (C. A.), ancien ingénieur des ponts et chaussées. **Traité complet des chemins de fer économiques** d'intérêt local, départementaux, industriels, agricoles, tramways, américains, voies de service fixes ou mobiles. 1 fort volume de 600 pages de texte, avec atlas de 48 planches. Prix. . . . . . . broc., 35 fr.; rel., 38 fr.

— **Portefeuille économique des machines**, de l'outillage et du matériel. (*Voy.* aux *Périodiques*, p. 2.)

— **Nouvelles Annales de la construction**. (*V.* aux *Périodiques*, p. 2.)

PERNOLET, ingénieur civil des mines. **L'air comprimé et ses applications**. Grand in-8 relié, avec 3 planches. Prix. . . . . 20 fr.

POLONCEAU (A. R.), inspecteur divisionnaire des ponts et chaussées. Notice sur le nouveau système de **ponts en fonte**, suivi dans la construction du **pont du Carrousel**; description de ce pont dans ses détails; exemples comparés de divers projets, etc., texte grand in-4, avec atlas de 16 pl. in-fol. . . . . 22 fr.

RANKINE. **Manuel de mécanique appliqué**. Traduit de l'anglais par M. Vialay, ingénieur des arts et manufactures. Grand in-8, relié avec très-nombreuses vignettes. . . . . 20 fr.

RAVINET, ancien chef au ministère des travaux publics. **Code des**

ponts et chaussées et des mines, ou Collection complète des lois, arrêtés, décrets, ordonnances, règlements et circulaires, concernant le service des ponts et chaussées et des mines, augmenté, pour faciliter les recherches, de deux tables des matières, l'une alphabétique, l'autre chronologique. 6 forts vol. in-8, imp. sur papier collé. 55 fr.

— LE MÊME OUVRAGE, tomes I à IV, deuxième édition, comprenant les lois antérieures à 1831 et pouvant servir d'introduction à la partie : *Lois et ordonnances*, des Annales des ponts et chaussées. 4 vol. in-8. . . . . 35 fr.

— LE MÊME OUVRAGE, tomes VII et VIII. In-8. . . . . 17 fr.

REGNAULD, ingénieur en chef des ponts et chaussées. **Traité pratique de la construction des ponts et viaducs métalliques.** 1 beau vol. grand in-8 avec atlas relié. . . . . 25 fr.

REGRAY, ingénieur en chef du matériel au chemin de fer de l'Est. **Chauffage des voitures de toutes classes.** In-8 avec atlas en plans. Prix. . . . . 30 fr.

REYNAUD, inspecteur général des ponts et chaussées, directeur du service des phares, ancien professeur d'architecture à l'Ecole polytechnique et à l'Ecole des ponts et chaussées. **Mémoire sur l'éclairage et le balisage des Côtes de France,** publié par ordre de Son Excellence M. Armand Béhic, ministre de l'agriculture, du commerce et des travaux publics (imprimerie impériale). . . . . . 70 fr.

— TRAITÉ D'ARCHITECTURE. *Première partie :* **Art de bâtir,** études sur les matériaux de construction et les éléments des édifices; *deuxième partie :* **Composition des édifices,** étude sur l'esthétique, l'histoire et les conditions actuelles des édifices. Troisième édition, revue et augmentée, 2 vol. grand in-4, avec 2 atlas in-folio de 87 et 92 planches. . . . . 165 fr.

On vend séparément :
PREMIÈRE PARTIE, grand in-4, avec atlas. . . . . 75 fr.
DEUXIÈME PARTIE, grand in-4, avec atlas. . . . . 90 fr.

RIVOT, ingénieur en chef des mines, directeur du laboratoire et professeur de docimasie à l'Ecole des mines. **Docimasie. Traité d'analyse des substances minérales** à l'usage des ingénieurs et des directeurs de mines et d'usines, 4 forts vol. grand in-8. Prix. 55 fr.

RIVOT, professeur à l'Ecole des mines. **Principes généraux du traitement des minerais métalliques,** cuivre, plomb, argent et or, 3 grands in-8 et atlas. Prix. . . . . 55 fr.

En prenant ensemble les deux ouvrages, docimasie et métallurgie, le prix total est réduit à. . . . . 100 fr.

ROLLET (A.), direct. des subsist. de la marine. **Mémoire sur la meunerie, la boulangerie et la conservation des grains et des farines,** contenant la description des procédés, machines et appareils appliqués jusqu'à ce jour au nettoyage, à la conservation et à la mouture des blés, à la fabrication du pain et à celle du biscuit de mer, en France, en Angleterre, en Irlande, en Belgique, en Hollande, etc., précédé de *Considérations sur le commerce des blés en Europe,* publié par ordre de M. le ministre de la marine. 1 fort vol. in-4, avec 15 pl., accompagné d'un magnifique atlas de 62 pl. in-fol. demi-colombier. . . . . 90 fr.

RUPRICH-ROBERT, architecte du gouvernement. **Flore ornemen-**

tale. 1 fort vol. in-4 colombier contenant 150 planches parfaitement gravées avec texte. Prix. . . . . 125 fr.

SARRAN, garde-mines. **Manuel du géomètre souterrain.** Grand in-8 et 6 grandes planches. Prix. . . . . 9 fr.

— **Tables des sinus calculés** par une méthode nouvelle et plus sûre. Grand in-8. Prix. . . . . 5 fr.

SGANZIN-LALANNE. **Programme ou résumé des leçons d'un cours de constructions.** Avec des applications tirées spécialement de l'art de l'ingénieur des ponts et chaussées, ouvrage de feu M. J. Sganzin, inspecteur général des ponts et chaussées et des travaux maritimes des ports militaires, ancien professeur à l'École polytechnique, commandeur de la Légion d'honneur, chevalier de l'ordre royal de Saint-Michel, et de M. Reibell, inspecteur général de première classe des ponts et chaussées et des travaux hydrauliques et bâtiments civils de la marine, grand officier de la Légion d'honneur, agissant, en 1839, comme mandataire de la famille de feu M. Sganzin. Cinquième édition, entièrement refondue par M. Léon Lalanne, ingénieur des ponts et chaussées.

En vente les livraisons 1 et 2, texte grand in-4 et atlas format 1/2 colombier, de 6 planches dont 4 en couleur.
Prix : pour les souscripteurs à l'ouvrage entier. . . . . 15 fr.
      pour les non-souscripteurs. . . . . 25 fr.

SURELL, ingénieur en chef des ponts et chaussées. **Étude sur les torrents des Hautes-Alpes**, ouvrage couronné par l'Académie des sciences en 1842. Deuxième édition avec une suite, par M. Ernest Cézanne, ingénieur des ponts et chaussées. 2 grands in-8 avec cartes en couleur et planches. . . . . 11 fr.

THÉNOT, peintre, professeur de perspective, etc. **Traité de perspective pratique**, pour dessiner d'après nature, mis à la portée de toutes les intelligences. Quatrième édition, revue, corrigée et considérablement augmentée. 1 fort vol. grand in-8, papier vélin satiné, orné de 28 planches parfaitement gravées par Hibon. Relié. . . . . . 15 fr.

THIBAULT, de l'Institut, professeur à l'École des beaux-arts **Application de la perspective linéaire** aux arts du dessin. Ouvrage posthume mis au jour par M. Chapuis. Grand in-4, planches. 30 fr.

TOSI et BECCHIO. **Monuments sépulcraux, autels, tabernacles.** 1 magnifique in-plano, relié. Rare. . . . . 60 fr.

TOUSSAINT DE SENS, architecte, etc. **Code de la propriété,** ou Traité complet des bâtiments, contenant : l'analyse raisonnée des lois, ordonnances et décisions judiciaires relatives aux biens particuliers, communaux et domaniaux ; propriétés indivises ; privilèges, hypothèques, prescriptions ; meubles et immeubles selon la loi ; devis et marchés, garanties des architectes et des entrepreneurs ; grande et petite voirie, alignements, voie publique ; expropriations pour cause d'utilité publique et fortifications ; compétence administrative et judiciaire, conflits ; experts, arbitrages volontaires et d'office, etc. ; précédé des principes généraux de droit civil invoqués par les légistes, et suivi de modèles de procès-verbaux d'expertises, de rapports d'arbitres, etc., et d'une table analytique ; à l'usage de MM. les architectes-experts, ingénieurs, notaires, avoués, avocats, maires, juges de paix, propriétaires, etc. 2 vol. in-8. . . . . . 15 fr.

— **Memento** des architectes et ingénieurs, des entrepreneurs, toiseurs, vérificateurs, et des personnes qui font bâtir ; ouvrage publié en 9 livraisons. formant 6 vol. in-8 (y compris le Code de la propriété), avec un atlas de 160 planches. Prix. . . . . 60 fr.

TRIPON, professeur au collége Sainte-Barbe, etc. **Études de projections, d'ombres et de lavis,** à l'usage de toutes les écoles, des architectes et des mécaniciens ; ouvrage divisé en quatre parties : 1º Projections orthogonales ; 2º Projections obliques ; 3º Ombres ; 4º Lavis appliqué à l'enseignement du dessin des machines, de l'architecture, etc. 1 vol. in-8 de texte avec un magnifique atlas de 40 planches grand in-4, imprimés au lavis sur 1/4 colombier glacé. Les 2 vol. . . . . 30 fr.

On vend séparément :

Les trois premières parties comprenant les **projections** et les **ombres,** 20 planches avec texte. Prix. . . . . 15 fr.

La quatrième partie. Cours élémentaire de **lavis** appliqué à l'architecture. etc., 20 planches avec texte. Prix. . . . . 20 fr.

Les planches qui composent le remarquable atlas de cet ouvrage ont été tout récemment l'objet d'une révision complète ; l'auteur n'a rien négligé pour donner au *nouveau tirage* une véritable supériorité sur les précédents.

Le nouveau tirage de ces quarante planches, dont la parfaite exécution ne laisse rien à désirer, a été mis en vente en juin 1858.

VAZQUEZ QUEIPO, membre de l'Académie royale des sciences de Madrid et d'autres sociétés savantes nationales et étrangères, et sénateur du royaume d'Espagne. **Essai sur les systèmes métriques et monétaires des anciens peuples** depuis les premiers temps historiques jusqu'à la fin du khalifat d'Orient. 3 vol. gr. in-8. . . . 30 fr.

VILLEVERT, ingénieur de chemins de fer en France et à l'étranger, ingénieur colonial, chef de service des ponts et chaussées en Cochinchine. CHEMINS DE FER. **Construction des travaux d'art** aqueducs-ponts, tunnels, maisons de garde, barrières, plates-formes, ballast et voies. Texte et dessins-types, avec métrés estimatifs et notes explicatives. 1 vol. in-4" élégamment cartonné à l'anglaise. Prix : 25 fr.

VUIGNER (Émile). ingénieur en chef au chemin de fer de l'Est. **Docks-entrepôts de la Villette,** détails pratiques sur les diverses constructions de cet établissement. In-4 et atlas. Prix. . . . . . 20 fr.

— **Rivière et canal de l'Ourcq. Mémoire** relatif aux travaux exécutés pour améliorer le régime des eaux sur la rivière et le canal de l'Ourcq. et pour rendre ces cours d'eau navigables. In-4 et atlas. Prix. . . . . 20 fr.

— **Embranchement du camp de Châlons. Mémoire** relatif aux travaux exécutés pour l'établissement de l'embranchement du camp de Châlons. chemin de fer de vingt-cinq kilomètres **construit en soixante-cinq jours.** In-4 et atlas. . . . . 20 fr.

VUIGNER et FLEUR SAINT-DENIS, ingénieur principal de la sixième division de construction. **Pont** sur le Rhin à Kehl, détails pratiques sur les dispositions générales et d'exécution. In-4 et atlas. . . 25 fr.

WARINGTON (W. Smith), inspecteur général des mines de Cornouailles. **La Houille et l'exploitation des houillères en Angleterre.** Trad. par M. G. Maurice. In-8 avec 65 vignettes, 1 carte en couleur et 4 planches. relié. . . . . 15 fr.

PORTEFEUILLE ÉCONOMIQUE DES MACHINES

DE L'OUTILLAGE ET DU MATÉRIEL

2ᵉ SÉRIE : 1866 A 1875. — 10 VOLUMES : **150** FR.

Prix du cartonnage, 2 fr. en plus par volume.

Cette magnifique collection peut être payée 30 fr. comptant
et le reste par à-compte trimestriels de 30 fr.

(Les séries ne se vendent pas séparément.)

Nomenclature par séries spéciales des exemples de machines,
outillage et matériel qu'elle comprend, avec cotes, prix de
revient et texte explicatif.

Apparaux de construction.

Drague à sec (système Cou-
vreux). 1866
Drague pour canaux (système
Perris), ... 1866
Fardier à deux roues pour
pose de conduites. . . . 1867
Fardier à quatre roues pour
pose de conduites. 1867
Treuil roulant pour pose de
conduites. 1867
Appareil Borde pour le théâ-
tre du Vaudeville. 1867
Appareil à battre les pieux
(vapeur). 1867
Monte-charge hydraulique. . 1869
Dragues à couloirs de l'isthme
de Suez. 1869
Tonneaux malaxeurs de Boné. 1869
Balance à terrassements
Peillon. 1870
Treuil à changement de mar-
che. 1870
Apparaux de terrassements
(1ʳᵉ planche). 1870
Apparaux de terrassements
(2ᵉ planche). 1870
Drague à vapeur de Ham-
bourg. 1871
Détails de la drague à vapeur
de Hambourg. 1871

Scaphandre Cabirol. 1871
Excavateur à treuil et à bras
de Laferrère. 1872
Excavateur à vapeur de La-
ferrère. 1872
Drague à treuil et à radeau. . 1872
Appareils de lavage à frein
automoteur (système Megy). 1873
Excavateur de terrassements
à vapeur de M. Sayn. . . . 1874

Appareils industriels,

Presses typographiques Per-
reau. 1866
Presse à vermicelle Chevalier. 1866
Machines à fabriquer le pa-
pier sans fin. 1866
Machines à casser les pierres. 1866
Bobinoir de 40 bobines (en-
semble). 1867
Bobinoir de 40 bobines (dé-
tails). 1867
Réservoirs (Kiandi). 1867
Machines à agglomérer les
menus Évrard. 1867
Laveur des grains Démourés
(système Évrard). 1867
Presse rotative à agglomérer. 1867
Broyeur à chocolat (Debap-
tiste). 1868
Appareil à triple effet de la

Paris. — Impr. Arnous de Rivière, 26, rue Racine.

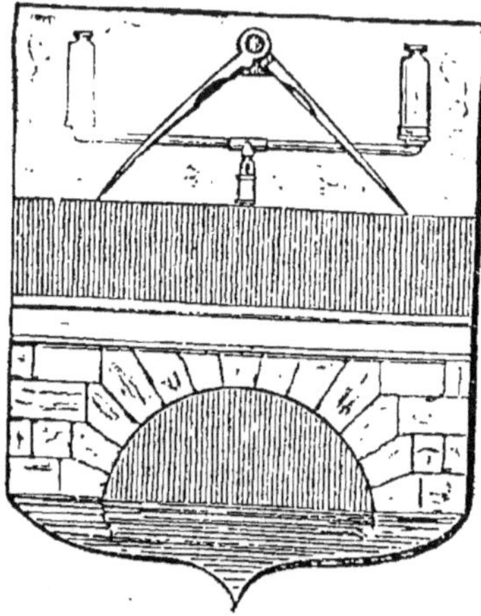

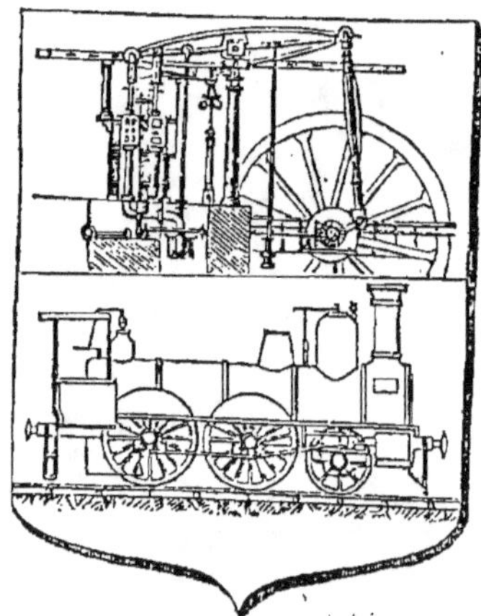

AGENDAS DU

Rendus *f*

TÉLÉGRAPHES, PO

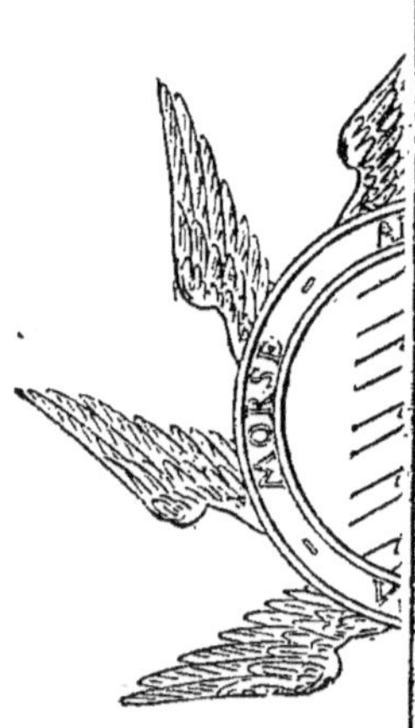

N° 1 à l'usage des Ingénieurs, —
ducteurs — Entrepreneurs de t

N° 2 à l'usage des Ingénieurs et I
giques, — Gardes-mines, — M

N° 3 à l'usage des Ingénieurs du n
structeurs et Conducteurs de
constructions agricoles et naval

N° 4 à l'usage des Directeurs et Ing
dustriels, — Pharmaciens, —
Contre-maîtres, etc.

N° 5 à l'usage des Télégraphistes, —
ployés des postes et des chemin
neurs de transports.

DD A 1 FRANC

: 1 fr. 25.

...S ET TRANSPORTS.

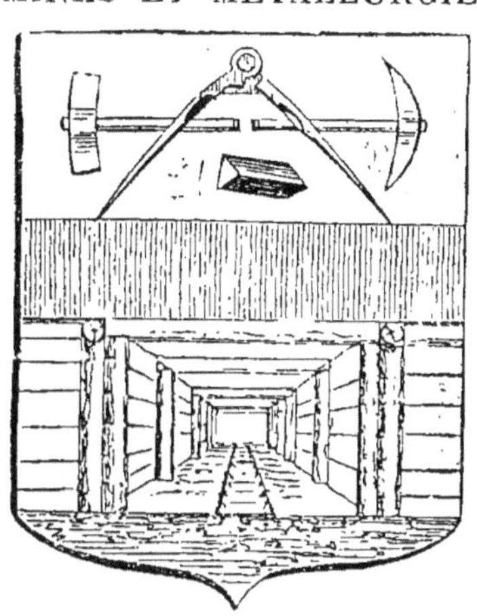

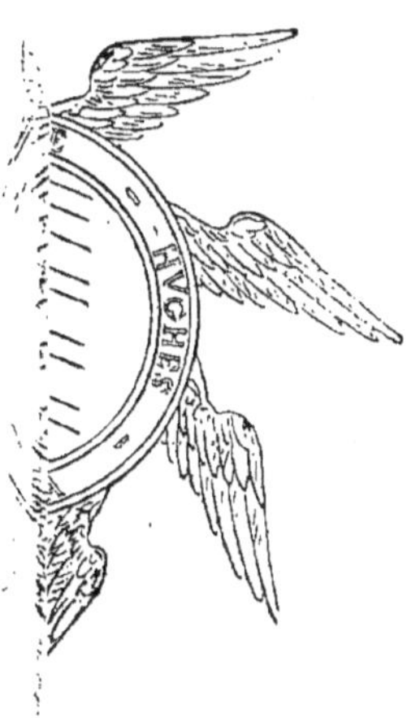

N° 4,

ARTS ET MANUFACTURES.

CHIMIE.

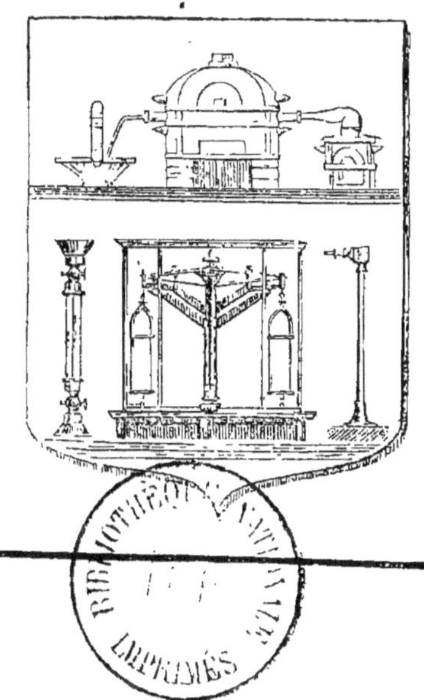

...tectes, — Agents voyers, — Con-
...: publics.

...eurs des mines et usines métallur-
...u mineurs — Contre-maîtres.

...al des chemins de fer, — des Con-
...otives, — Directeurs d'ateliers de
...Mécaniciens, — Contre-maîtres, etc.

...s d'usines, — Professeurs, — In-
...icants de produits chimiques, —

...triciens, — Professeurs, — Em-
...er, — Expéditeurs, — Entrepre-